潮州文化丛书·第二辑

潮味乾坤

《潮州文化丛书》编纂委员会 编

肖佳哲 著

SPM 南方传媒 | 广东人民出版社
·广州·

图书在版编目（CIP）数据

潮味乾坤 / 肖佳哲著. —广州：广东人民出版社，2022.10
（潮州文化丛书·第二辑）
ISBN 978-7-218-15755-9

Ⅰ.①潮… Ⅱ.①肖… Ⅲ.①饮食—文化—潮州 Ⅳ.①TS971.202.653

中国版本图书馆CIP数据核字（2022）第065101号

封面题字：汪德龙

CHAOWEI QIANKUN
潮味乾坤
肖佳哲 著

出 版 人：肖风华

出版统筹：卢雪华
责任编辑：卢雪华 李宜励
封面设计：书窗设计工作室
版式设计：友间文化
责任技编：吴彦斌 周星奎

出版发行：广东人民出版社
地　　址：广州市越秀区大沙头四马路10号（邮政编码：510199）
电　　话：（020）85716809（总编室）
传　　真：（020）83289585
网　　址：http：//www.gdpph.com
印　　刷：广州百思得彩印有限公司
开　　本：787mm × 1092mm 1/16
印　　张：21 字 数：180千
版　　次：2022年10月第1版
印　　次：2022年10月第1次印刷
定　　价：98.00元

如发现印装质量问题，影响阅读，请与出版社（020-85716849）联系调换。
售书热线：020-85716833

总序

坚定文化自信 打造文化强市建设标杆

文化是民族的血脉，是人民的精神家园。潮州是国家历史文化名城，是潮文化的发祥地。千百年来，这座古城一直是历代郡、州、路、府治所，是古代海上丝绸之路的重要节点，是世界潮人根祖地和精神家园。它文化底蕴深厚，历史遗存众多，民间艺术灿烂多姿，古城风貌保留完整，虽历经岁月变迁、沧海桑田，至今仍浓缩凝聚历朝文脉而未绝，特别是以潮州府城为中心的众多文化印记，诉说着潮州悠久的历史文化，刻录下潮州的发展变迁，彰显了潮州的文明进步。

灿烂的岁月，伴随着古城潮州进入一个新的历史发展时期。改革大潮使历史的航船驶向一个更加辉煌的时代。习近平总书记强调，中华优秀传统文化是中华文明的智慧结晶和精华所在，是中华民族的根和魂，是我们在世界文化激荡中站稳脚跟的根基。潮州市认真贯彻落实习近平总书记视察广东视察潮州重要讲话重要指示精神，深入领会习近平总书记关于潮州文化是“中华文化的重要支脉”重要讲话精神的丰富内涵，紧紧围绕举旗帜、聚民心、育新人、兴文化、展形象使命任务，传承精华，守正创新，推进“潮州文化源头探究”等关键性命题的考据，努力在彰显文化自信上走在前列，为在更高起点打造沿海经济带上的特色精品城市、把潮州建设得更加美丽、谱写现代化潮州新篇章提供强有力的文化支撑。

万物有所生，而独知守其根。2020年开始，在中共潮州市委、市政府的高度重视下，中共潮州市委宣传部启动编撰《潮州文化丛书》，对潮州文化进行一次全方位的梳理和归集，旨在以推出系列丛书的方式来记录潮州重要的历史、人物、事件、建筑和优秀民间文化，让潮州沉甸甸的历史文化得到更好的传承和弘扬。继2021年成功出版《潮州文化丛书·第一辑》之后，潮州市紧锣密鼓推动《潮州文化丛书·第二辑》编撰出版。学术大家、非遗传承人、工艺美术大师等各界人士纷纷响应，积极参与这一大型文化工程。《潮州文化丛书·第二辑》是贯彻落实习近平新时代中国特色社会主义思想、以丰硕文化成果迎接党的二十大胜利召开的一个有力践行，也是持续推进岭南文化“双创”工程，潮州市实施潮州文化大传播工程和大发展工程、全面提升文化兴盛水平、打造文化强市建设标杆的一个重要举措。

文化定义着城市的未来。编撰出版《潮州文化丛书》是一项长期的文化工程，对促进潮州经济、政治、社会、文化、生态文明建设具有积极的现实意义和深远的历史意义。作为一部集思想性、科学性、资料性、可读性为一体的“百科全书”，丛书内容涵括潮州工艺美术、潮商文化、宗教信仰、饮食文

化、经济金融、民俗文化、文学风采和名胜风光等，可谓荟萃众美，雅俗共赏。而在《潮州文化丛书·第二辑》中，既有饶宗颐这样的学术大家论说潮州文化，又有潮州城市名片——牌坊街的介绍，还有潮州文化的瑰宝——潮剧的展示。可以说，《潮州文化丛书》的出版，既是潮州作为历史文化名城的生动缩影，又是潮州对外展现城市形象最直观的窗口。

千古文化留遗韵，延续才情展新风。潮州历史文化底蕴深厚，文化资源禀赋是潮州经济社会发展最突出的优势。《潮州文化丛书》的编撰出版，是对潮州文化的系统总结和大展示大检阅，是对潮州文化研究和传统文化教育的重要探索和贡献，更彰显了以潮州文化为代表的岭南风韵和中国精神。希望丛书能引发全社会对文化潮州的了解和认同，以此充分发掘潮州优秀传统文化的历史意义和现实价值，以高度的文化自信和文化自觉，推动潮州优秀传统文化创造性转化、创新性发展，把潮州文化这一中华文化的重要支脉保护好、传承好、发展好，把潮州这座历史文化名城研究好、呵护好、建设好，打造中华优秀传统文化展示窗口和世界潮人精神家园，让人民群众在体验潮州文化的过程中深刻感悟中华文化和中国精神、增强中华民族共同体意识，为坚定文化自信作出潮州贡献。

编　者

2022年5月31日

序

◎程小琪

中国以“烹饪王国”著称于世；粤菜以“食在广东”扬名于国；而潮州菜则在粤菜菜系中翘楚而立，不仅风靡广东，享誉全国，而且称誉世界。

在北京，说到潮州菜馆，都知道味美价昂，被认为是高端食府。在北方许多城市，说到吃粤菜，就必然想起潮州菜，潮州菜俨然成了粤菜的代表。2010年，潮州菜就曾代表粤菜参加上海世博会，出尽风头。2012年，潮州菜甚至代表中国菜参加韩国丽水世博会，其在中国菜中的地位可见一斑。

潮州菜味美品优，地位显赫，魅力十足，其原因何在呢？有人说，这源于潮州菜上千年发展的历史，积淀深厚；有人说，这源于潮汕地区濒临海洋的地理位置，食材丰饶，尤以海鲜为甚；有人说，这源于潮州人的开放意识，对各种烹饪技术兼收并蓄，为己所用……

依我看，这些说法都有道理，但最根本的，是上千年来始终有一些不离不弃、前赴后继的潮州菜传人，正是他们的代代传承，潮州菜才得以历经千年不衰反盛；正是他们的聪明智慧，才得以将原始的食材加工成一流的潮州美馔；正是他们的好学求进，才得以博采众长，使潮州菜的烹饪技术不断升华；也正是他们的开拓精神，才得以将潮州菜推广到全中国和全世界。

在这些潮州菜的传人中，肖佳哲无疑是一位有心之人，他对潮州菜的研究，对潮州菜烹饪经验的总结，对潮州菜的推广和传播，多年来孜孜不倦，颇有收获，本书是他研究的成果之一。作为潮州老乡，我为他的辛勤劳动及获取的成功感到钦佩和高兴，同时祝愿他在传承和推广潮州菜的努力中获得更大的成绩。

自序

潮州菜的魂、肤、气、体、养

纵览中华民族五千年的美食文化，潮州菜乃中华美食大花园中一朵瑰丽的奇葩，在中国菜系中占有举足轻重的地位。潮州菜的形成和发展源远流长。潮州位于韩江中下游，北回归线横穿而过，地处闽粤边界，东、南面濒临大海，气候温和，雨量充足，土地肥沃，物产、海产极为丰富，由于潮州在秦以前为闽越，自秦始皇时属南海郡，遂属广东至今。潮州菜以形胜风俗所宜，其特色与闽菜有同源之处，特别是深受闽南饮食文化的影响。因潮州秦以后改属广东，潮州菜也与广东一样受中原文化的影响而得以提高。中唐时代，被贬至潮州任刺史的韩愈带来了中原的文化，也同时带来了内地的饮食文化和潮州当地的饮食文化两相融合，因此潮州的饮食融合了闽、粤和中原的饮食文化，历史的发展对潮州菜的形成和发展有着很大的作用。潮州是个历史悠久的文化名城，潮州菜，经历代烹饪师的不断研究、改进和创新，形成了极具有地方风味特色的潮州菜系，它是广东菜系的重要组成部分，自宋代至今已有一千多年的历史，是潮语系地区人民日常生活中不可缺少的重要内容，具有重要的文化价值、艺术价值和经济价值。潮州菜是中国烹饪艺术中的一颗璀璨明珠，多年来，以其独特的风味、浓郁的地方特色，而深受海内外人士青睐。潮州菜在现代日常生活中所占的消费位置越来越重要，这与潮州菜烹饪技术的进步和潮州菜本身有序健康发展有着密切的联系。

“味”“色”“香”“形”“养生”是潮州菜最基本的构成元素。它们都是潮州菜烹饪技艺的固定产物。

一　“味”

“味”是潮州菜之魂。

中国以“烹饪王国”著称于世，粤菜以“食在广东”扬名于国，而潮州菜则在粤菜菜系中翘楚而立，不仅风靡广东，享誉全国，而且称誉世界。潮州菜不但在本地，而且在全国各地以及东南亚乃至欧美国家也独树一帜，足与世界上任何风味菜肴相媲美。国家旅游局早在20世纪90年代初期就明文规定：凡四星级以上酒店均必配套潮州菜餐厅。由此足见潮州菜在国人和外商心目中的地位，这更凸显潮州菜独特的烹饪技艺及精制菜肴之突出“味”的本位。

潮州菜独特的“味”，凸显于“色”“香”“形”“养生”之首位。

潮州菜选料的讲究，烹饪技艺的发展，传统调味品与现代调味酱汁的选用，对各种调味品的调制，科学、合理地运用菜肴和酱碟佐料的搭配，以达到潮州菜菜肴对“味”的要求。烹制出独具特色的味道是烹制潮州菜的先决条件。众所周知，潮州的特定地理环境使潮州菜形成特定的烹调发展规律，从而标志着潮汕平原临海饮食文化的发展。潮州菜自成一格的独有烹饪原料和烹饪技艺，形成发展于消费者对烹饪的不同需求，历经千年而有了完整的独立性。而流派的源远流长，除了潮州菜固有的风味外，还不无选择地吸纳其他菜系之精髓来弥补自身的不足，而海纳百川、有容乃大是潮州菜创新及展现迷人风采的力量所在。纵观潮州菜在新时期不断发扬创新，不断推出具有震撼力的新潮菜肴，反映了潮州菜烹调专业人士那种对菜肴钻研的孜孜不倦，以及运用“味”与消费者建立的关系内涵，是潮州菜佳肴不断拓展的见证。

潮州菜以其本味、加热骤变味、调味料多重结合的复合味，给用餐者以味觉，乃至情感强烈的冲击。这就是潮州菜以人为本、与时俱进、不断创新之魅力所在，也是潮州菜取得市场巨大占有率和可观营业收入的根本保障，更是对潮州菜金字招牌的保证，这是以“味”为灵魂而达到的境界（如笔者在潮州市委党校后勤服务中心接待工作中所烹制的“秘制延安蹄”“富贵石榴鸡”“玉脂东星斑”“蛋白凤眼蛙”“橘瓜明皮”等，都是遵循以“味”为第一要素的烹饪宗旨的佳肴）。

二　“色”

“色”是潮州菜之肤。

关于“色”，在厨师的概念里是要求菜肴色泽鲜艳、搭配平衡。一盘菜应达到赏心悦目的程度。

菜肴的色彩有时候能决定人的情绪。在餐桌上，悦目的色彩与和谐的布局，能给人以美的享受，更能增加人们的食欲。潮州菜菜肴，是利用食材纯天然色彩调色的，即利用蔬菜、肉食的天然色彩进行调色。在任何色彩中，只有天然色彩才是最美丽的，它能给予人们美好的感官享受。蔬菜的色彩很多，如：红的有番茄、胡萝卜、红辣椒；黄的有冬笋、黄花菜、老姜、南瓜；绿的有菠菜、韭菜、芥蓝、通菜；青的有青葱、青椒；白的有白菜、白萝卜、马蹄、蘑菇；黑的有黑芝麻、黑木耳；紫的有紫茄、紫甘蓝；等等。色彩的配合在潮州菜烹饪师的眼里相当重要，虽说配色不会直接影响菜肴的口味和香气，但对食用的人来说，菜肴的色彩如调配不当，也会影响食欲。一盘菜肴，应有主色与副色，也就是说，颜色要分主次。一般副料色只起点缀衬托作用，以突出主料，如“太极素菜羹”，是以绿色的地瓜叶为主料，配以白色的鸡茸，再用红色的火腿之类加以点缀衬托，就显得鲜艳而和谐。

潮州菜的“色”，位居其“味”之后，一道优秀菜品的“色”，常能令人赏心悦目，开怀用餐。烹饪原料的本色、烹饪过程中的着色、添加色、附加调色、主辅料的配色比、复合色和不经意间的另类点缀色，能有效地给享用者的视觉神经起到调剂作用。烹饪师在烹制特色菜肴时，应因季节、环境、人物、服务、场合、气氛、消费者心理诉求而花心思，加以合理的调剂着色，每道菜均要达到赏心悦目，从而给品尝者一种食欲的刺激以及无限的遐思享受。一道优秀的菜品经调色而具有特别的“色”，则彰显厨师烹饪独具匠心，从而达到拓展食欲以外的感受。如“清金鲤虾”，其虾胶酿成的“金鲤鱼”色泽粉红，配以龙须菜，再以绿色的芫荽叶点缀，犹如金鱼戏水，妙不可言。“色”也是衡量潮州菜成功与否的要素之一。

三　“香”

“香”是潮州菜之气。

关于“香”，是指香味纯正，闻香识味之感。

香气扑鼻、香酥可口、香气袭人、香味浓郁，乃至特别的香薰撩人（如美味烟熏鸡）的菜肴，都能特别显示潮州菜肴香馥之神韵！潮州菜烹饪师能让动植物原料固有的原始香（肉质香、油脂香和骨头的髓香），及调味料的增香、辅助香料等结合烹调加热后而融合，构成了多重的菜肴香，是潮州菜独特的烹饪技艺——如潮州历代烹饪工作者在长期的生活实践中，根据本地区盛产狮头鹅及各种鸭子，创造出的一种较特殊的烹饪方法，即带有浓烈地方风味特色的食品——“卤水”系列菜肴。卤水系列菜肴选用农家自养的鹅、鸭和新鲜的五花肉、猪脚包、豆腐等为原料，加上八角、桂皮、川椒、香叶、南姜等香料进行卤制。卤制的过程，要用上汤、各种香料烧开至汤水出味，加进适量的调味料等（香料、味料要根据原料的数量来确定多少），先用旺火烧开，将物料卤至刚熟，再用小火卤至物料烂透，至卤味进入物料内部，使卤水菜肴入味、浓香。食用时用蒜泥、醋作酱碟佐料。青蒜味微辣、浓香，有开胃的作用，而米醋清酸鲜甜，同时也具消食开胃、增进食欲、帮助消化的作用。卤水系列菜肴肉质的浓香，配上佐料入口，丝丝的蒜泥微辣，伴随着芳香的醋味，从而达到肥而不腻、百食不厌、回味无穷的境界，这完全符合人们的口味口感要求，迄今仍然受到广大消费者的喜爱和欢迎，其中就有不少华侨华人，以至外国友人等。这些独特的饮食风俗，在潮州饮食文化中占有特殊重要的地位。而一道经过厨师精心烹饪而成的香薰撩人的菜肴，加上服务人员全方位、人性化服务的温馨，形成了整体有机结合而成的“香”，更能招来馋香、寻香、品香的顾客……

四　“形”

“形”是潮州菜之体。

“味”“色”“香”俱佳的菜肴，只有配上独特创意的“形”，才是一道完美的菜肴。

制作菜肴所需原料的雏形，经构思加工的意形，成品菜肴的立意定型，或随意发挥的意境形态，像生摆砌图形的精美绝伦，寓意深远无限的造型，或如雨后彩虹，或如福海寿山的构思，或如临九天胜景，或如碧海荡舟等各不相同。形态整体菜肴意境的无限发挥，因时、地、人、物、思、境、工、技等要点的确定而有别于其他菜系。如潮州菜的烹饪技师手执大刀，选用植物块茎雕、刻、切而成的图案栩栩如生，各种食品雕刻而成的飞禽走兽或配席于各种高级筵席（如各种婚宴、寿宴、商务宴），或配席于闲情小酌，实现了菜肴的意境发扬光大。而装盘成品菜肴的造型更是巧夺天工，如“芙蓉官燕”“鸳鸯羔蟹”“太极马蹄泥”“金瓜芋蓉”“龙凤呈祥”“清金鲤虾”“冻金钟鸡”“富贵石榴蟹”等都无不展现潮州菜“形”之儒雅风姿。

的确，潮州菜菜肴都是创意所需，造“形”之所致也！

五　“养生”

“养生”是潮州菜营养价值之体现。

菜肴的营养价值不仅仅是充饥果腹，而应是人体生理机能的保证，人体所需的营养成分包括：蛋白质、维生素、糖、脂肪、无机盐和水六大类。而潮州菜的用料选料广泛无涯，恰好符合这一需求。潮州菜的烹饪师在外界有“海陆空三军总司令”之昵称，乍听之下，以为是笑谈，回味之后却也感非常恰切。你看“水里游的、地上跑的、天上飞的”哪个不是潮州菜的烹饪师做菜的好材料！

在潮州菜中，大量菜肴除了讲究色、香、味、形外，还针对人体某方面机能有食疗作用。有的菜肴原料为单纯食物，但其食疗的作用却是很明显的。如秋冬季节，潮州菜的烹饪师都会烹制“雪梨炖雪耳”“橄榄炖玉肺”等菜肴，让就餐者去除燥热，润肺养阴……又如“水鱼炖薏米”这道潮州传统炖品，水鱼肉滋肝补阴，养筋活血；薏米利水去滞。潮州菜的烹饪师巧妙地利用薏米利水去滞的作用，来去除水鱼的腥燥、滞气，非常符合中医的配伍原则。做到一补一泻，一动一静，配合得天衣无缝。像这样搭配合理，具明显食疗效果的潮州菜肴可谓比比皆是。

潮州菜中，除了以原料为单纯食物而起到食疗效果的菜肴外，还经常以洋参、枸杞、淮山、石斛、三七、沙参、玉竹等各式中药材作为配辅料，和其他潮州菜原料共同烹制成菜肴。这些中药材的加入，除了起到一定的食疗效果外，还能去除一些菜肴的异味，给菜肴增加些许芬芳味道。这类菜肴在潮州菜中极为普遍，且大受人们喜爱。

当今，世人重提“返璞归真”、注重“养生”之时，岂不知，潮州菜早在几百年前就有了养生的药膳了，如：“灵芝田七龙眼猪心汤”“人参百合粥”“陈皮炒兔肉”“玉竹炖鹧鸪”等。

如今，我们更应以健康、绿色、环保之经济养生为理念，遵循《黄帝内经》所总结的“毒药攻邪，五谷为养，五果为助，五畜为益，五菜为充，气味合而服之，以补精益气”的保健观念，摒弃陋习，提高厨师自身的营养知识，帮助消费者设计不摄入过多的糖、脂肪、蛋白质的菜谱，达到“千补万补，药补不如食补”之境界。探索新的营养源和新手法，从而在饮食上消除因不当摄入而造成的隐性疾患。的确，有时素食也知菜根香。

潮州菜，要在当今竞争激烈的饮食市场立于不败之地，在同行中出类拔萃，就必须在“味”“色”“香”“形”“养生”等方面不断创新，与时俱进，把握良机，激发新思路，在实践中多加研究、探索和运用，创造出新的，更有地方风味特色的，更美味、更营养、更养生的潮州菜菜肴来，才能适应新时期烹饪的发展规律，才能适应潮州菜爱好者的需求，才能适应新的市场环境，才能使潮州菜发扬光大！

目录

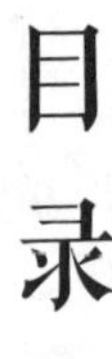

目录

| 第三章 | 家禽类

第四章 | 畜肉类

第五章 | 河鲜类

目录

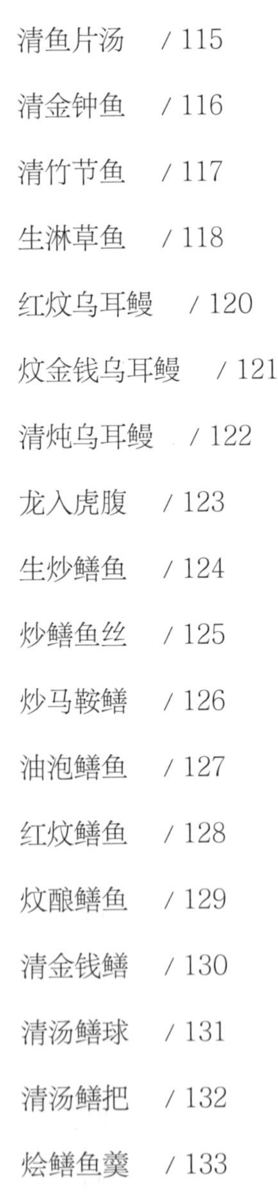

| 第六章 | 海鲜类

目录

| 第七章 | 飞禽类

目录

第八章 | 蔬菜类

第九章 | 甜菜类

第十章 | 点心类

目录

CHAPTER 1

第一章 概述

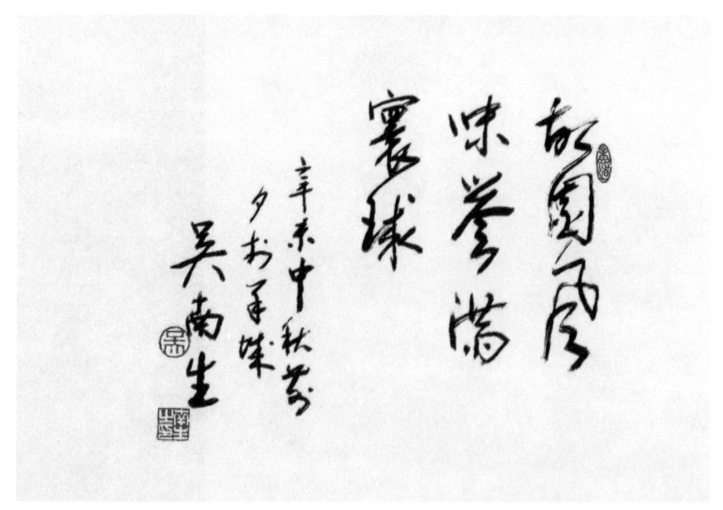

原中共广东省委书记、省政协主席吴南生题词赠与作者

潮州，位于广东省东南沿海，东与福建省交界，西与揭阳市接壤，北连梅州市，南临南海并毗邻汕头市，气候宜人，物产丰富，是国家历史文化名城。独特的文化及地理环境，孕育着潮州菜的形成和发展。

潮州菜是粤菜三大流派之一，自唐代至今传衍不衰。它是中原文化、闽南文化和本地文化融合而成，历经千余年而形成和发展，以其独特风味而自成一体的独特菜系。潮州菜在漫长的历史发展中形成了就地取材、传承与创新、烹饪海鲜、素菜荤做、卤水香浓、酱碟繁多、小食精致、养生食疗、品工夫茶等显著特征。

潮州菜的用料特点是新鲜，借重海鲜，大多数取自本地。菜品有水产品种多、素菜品种多、甜菜品种多“三多”，因素来崇尚清鲜而深受大众喜爱。烹饪技艺精细，有炒、炆、炖、炊、炸、油泡、焗、烙、白灼、卤、烧、羔烧等二十多种方法；特征鲜明，有卤水、一菜一味碟等特色。除技艺特征外，蕴含着丰富的地方文化元素，最具代表性的是工夫茶，还旁及中医学、养生学等多学科知识；又根据地方人文习俗所触及的婚丧喜庆等各种宴席而设置不同的菜肴，使之内容与形式相统一。

近年来，在中国众多菜系中，潮州菜脱颖而出，独领风骚，走俏祖国大江南北、东南亚、欧美等国家及地区，成为名甲天下，誉满全球的名菜，深受海内外人士好评。

一 潮州菜形成、发展的四个阶段

潮州菜作为潮州文化的重要组成部分，经历了形成、发展、兴盛，以及新时期继承和发展四个阶段。

（一）形成阶段

潮州菜的形成和发展，源远流长，早在唐代，韩愈被贬至潮州为刺史，他在传播中原文化的同时也传播了烹饪技术。元和十四年（公元819年）他在潮州写了《初南食贻元十八协律》一诗，诗文曰："鲎实如惠文，骨眼相负行。蚝相黏为山，百十各自生。蒲鱼尾如蛇，口眼不相营……调以咸与酸，芼以椒与橙……"。诗里数句记录了潮州人食鲎、蚝、蒲鱼、蛤、章鱼和马甲柱等数十种肉食类品种，并懂得以咸与酸、椒与橙等调味。

韩愈的《初南食贻元十八协律》是古代介绍潮州饮食习俗的代表作，而潮州菜的初步形成是在宋代，约在公元960年至公元1279年。在这个时期，潮州的经济、文化有较大的发展，已经具备了"潮州菜"形成的历史条件。

宋代在中国烹饪史上，是一个高水平的时代，而潮州菜作为中国菜的组成部分，烹调技术也随之相应提高。据宋代的有关烹饪的历史资料记载，宋代的一些名菜和潮州菜在烹调技术上，已经有很多相似的地方，如：

黄金鸡。李白诗云："亭上十分绿醑酒，盘中一箸黄金鸡。"其法：鸡洗净，用麻油、盐，水煮，入葱、椒，候熟，擘钉，以元汁别供或荐以酒，则白酒初熟黄鸡正肥之乐得矣！（宋《山家清供》）

大雏卵。大雏卵者最奇，其大如瓜，切片钉大盘中。众皆骇愕，不知何物。好事者穷诘之，其法：乃以凫弹数十，黄、白各聚一器，称以黄入羊胞，蒸熟；复次入大猪胞，以白实之，再蒸而成。（宋周密著《齐东野语》）

第一款菜记载在宋代林洪写的《山家清供》这部著作中。它的烹调方法，特别接近潮州菜中"卤"的烹调方法，也是汤水中调入各种调味品成卤水，再把原料（鸡）放入卤水加热，使原料吸收卤味成熟，上桌的时候同样要淋上原汁。所谓“擘钉”，即是我们今天所说的把鸡起骨，把肉撕成条，摆盘，这和潮州菜一些鸡类菜肴的摆盘方法是完全一样的，例如传统潮州菜中的“豆酱焗鸡”就是这样做的。还有菜谱中提到的“元汁”，则和潮州菜中的“原汁”，完全是一样的。

第二款宋代名菜，记载在宋代周密所写的《齐东野语》这部书中，它的主要烹调方法是蒸和拼盘，实际也是潮州菜最常用的烹调方法。它的奇特之处，在于用十多个鸭蛋分开蛋白和蛋黄，利用蒸的方法，重新制成一个大蛋，再切片摆盘，其构思之精，令人叹为观止。可见作为中国菜组成部分的潮州菜，在宋代已经是初具规模，自成一体。

工夫茶和潮州菜关系密切，是潮州菜的一大特色，即潮州菜筵席从开始、中间到结束，都要上工夫茶。而这一点，潮州人在宋代已经是这样做了。北宋末年潮州前八贤的张夔曾写了一首《送举人》的诗，诗中有这样一句“燕阑欢伯呼酪奴”。这里“欢伯”即是酒，而“酪奴”则是指“茶”，这句话的意思是“筵席快结束，酒喝完的时候，客人们便催着上茶”。可知在宋代，潮州菜筵席已有此特点了。

今天潮州菜中有名的“护国菜”，便是起源于南宋末年。传说南宋末年，皇帝赵昺兵败到潮州，住在一寺庙之中。当时兵荒马乱，百姓无以为食，寺庙中老僧见是大宋皇帝，心中充满敬意，便在后园中摘来番薯叶，熬成一碗番薯叶汤奉给皇帝，赵昺饥不可耐，吃了竟大加称赞，又因救了他的命，故一时兴起，赐名“护国菜”。这道菜经几百年来厨师们的不断改进，相沿成习，越做越巧，竟成了今天筵席上的珍馐了。

（二）发展阶段

宋代之后，尤其是明代初期，由于潮州经济停滞不前，影响了潮州的对外贸易和海上运输，影响了潮州商业、手工业的发展。潮州菜的发展也受到一定的制约。

明代中后期，特别是嘉靖、万历年间，潮州的经济有了新的转机。这时闽南一带的居民大量向潮州地区迁移，劳力资源的大量增加，促使经济得到快速发展，饮食业也随之兴旺。

邑人林熙春写了一首《感时诗》，这首诗具体真实地反映了潮州菜在当时的发展状况：

> 瓦陈红荔与青梅，故俗于今若浪推。
> 法酝必从吴浙至，珍馐每自海洋来。
> 羊金饰服三秦宝，燕玉妆冠万里瑰。
> 焉得棕裙还旧俗，堪羞大袖短头鞋。

此时，潮州民间烹制菜肴技艺，已达到一定水平。而这些民间菜肴，和上层社会、达官贵人所享用的官家菜肴，逐渐靠拢，互相融合、取长补短，终于产生了一批得到人们认可且具有一定代表性的潮州菜，如传统潮州菜中著名的“八宝素菜”和“护国菜”便是这样演变和发展来的。

（三）兴盛阶段

潮州菜兴盛于近代。特别是鸦片战争以后，中国的大门被打开，潮州沿海一带，逐渐成为商业活动频繁的集结地，这对潮州菜的发展，起到了极大的促进作用，也带动了其周边的揭阳、汕头、潮阳、澄海等地区潮州菜的发展。

潮州素有海上贸易的传统，在近代，更是十分兴旺。潮州商人足迹遍布大江南北的重要城镇。在东南亚各国，潮州商人每到一处，都要到酒楼菜馆作商业活动或应酬，尤其偏爱潮州菜。于是，海内外各重要商业城镇，潮州菜馆便应运而生。它们和外帮菜馆，在激烈的竞争中，努力保持潮州菜特色，又吸收外地菜的长处，以求博得食客的喜爱。有个广西荔浦商人叫潘乃光，因经商足迹踏遍东南亚各国，曾于光绪二十一年（1895年）写了100多首《海外竹枝词》，记述了出国的见闻，其中一首是经过新加坡时写的："买醉相邀上酒楼，唐人不与老番侔。开厅点菜须庖宰，半是潮州半广州。"潮州菜在海外影响之深可见一斑。

此时，潮州各地也涌现出蔡振杰、郑炳辉、吴凤鸣、吴凤亮、许香童、许响声、周树杰等一批潮州菜名厨。潮州府城的"瀛洲酒楼""海云天酒楼""潮州胡荣泉""洪顺成酒楼"等；汕头的"中央酒楼""擎天酒楼""陶芳酒楼"等则是当时潮州菜酒楼的佼佼者。

（四）继承和发展

新中国成立后，党和政府高度重视发展旅游业，十分重视潮州菜的继承、发展，先后举办了各种形式的潮州菜烹饪技艺培训班、专业班及潮州菜烹饪大赛、技艺交流会等。一些久负盛名的老字号潮州菜酒楼也重放光彩。各潮州菜酒楼、菜馆保留了传统潮州菜的特色。1958年，潮州菜泰斗朱彪初师傅，在广州为毛泽东的65岁寿辰制作潮州菜筵席，一时被传为美谈。

党的十一届三中全会以来，潮州经济、文化的发展进入了崭新时期。"忽如一夜春风来，千树万树梨花开"，潮州菜烹饪业也走向一个空前发展的黄金时期。改革开放中，潮州市人民政府十分重视发展旅游业。旅游业的发展，带动了潮州菜烹饪技艺的发展。"发掘和弘扬潮州菜这一宝贵文化遗产"，被摆到重要的位置上来，特别是20世纪80年代，潮州菜以其鲜明独特的风味而饮誉大江南北，乃至世界各地。潮州菜酒楼、潮州菜馆像雨后春笋般遍布全国各地，人们都以能品尝正宗潮州菜美食作为一种荣耀。同样在港澳、东南亚一带，以至在欧美，潮州菜馆也随处可见。潮州菜作为一种地方饮食文化，第一次以其深厚的文化底蕴走向全国，走向世界，而被世人所认可和推崇。

在香港，潮州菜酒楼林立，遍布大街小巷，深受当地民众欢迎。香港人亮彤曾写了《潮州菜在香港》一文，文中称：“……潮州菜深受中外人士所钟爱。不少外地食家、日本游客慕名而到，东南亚华侨更专程来港品尝其精美名菜。”

据史料记载，早在1839年，上海便有一家名叫“元利”号的潮州饼食店。诚如美食行家唐振常先生在《饔飧集》中说：“昔时上海，潮州菜馆颇多”。时至今日，潮州菜已和苏菜、鲁菜、川菜、京菜等在上海并驾齐驱，甚至独领风骚。

1981年8月23日，泰国曼谷《新中原日报》发表了《潮州菜名家朱彪初》一文，相当真实具体地记载了朱彪初师傅在广州从事潮州菜烹制的厨艺生涯，使我们能够从另一个侧面看到潮州菜在广州传播及发展的真实情况。1988年3月，国家副主席王震莅临广东视察，品尝了潮州菜后，被潮州菜深深吸引住了，欣然题写了“潮州佳肴甲天下”的赞誉。1992年1月，中共中央政治局常委、全国人大常委会委员长乔石莅临潮州视察时也称道：“‘潮州佳肴甲天下’，并不过分，潮州菜好吃，名不虚传。”再次肯定潮州菜是名甲天下、誉满全球的中国名菜。

2004年4月13至17日，潮州市组织代表队参加在北京举行的第五届全国烹饪大赛，一举获得全国烹饪技术比赛团体金奖。这是新中国成立以来潮州地区在所有烹饪技术比赛中所获得的最高奖项。

2020年10月12日习近平总书记视察潮州时说：“潮州菜是最好的中华料理”。

二 潮州菜常用烹调方法

从潮州菜的发展史看，潮州菜烹调方法，是吸取中原一带先进的烹调方法，用以烹制潮州本土物产而形成的，因此潮州菜常用的烹调方法，有很多应该是和中原一带菜系的方法一致的，但由于烹饪原料、饮食风俗习惯不同，潮州菜在漫长的发展过程中，也形成了独具特色的烹调方法，比如“炆”“卤”“糕烧”等。另有烹调方法一样，但叫法却不相同，如其他菜系的“煎”，潮州菜却称为“烙”，其他菜系的“蒸”，潮州菜却称为“炊”，又如其他菜系的“烤”，潮州菜却称为“烧”，如广州的“烤乳猪”，潮州菜称为“烧乳猪”。随着时代的发展，潮州菜也不断学习吸取外来菜系、甚至西餐西点的一些烹调方法，使潮州菜烹调方法更加丰富。

（一）炒

潮州菜炒的烹调方法和其他菜系炒的烹调方法相似，都是将加工成丁、丝、条、球、片等小形原料投入炒锅，用旺火快炒使其熟的一种烹调方法。炒是潮州菜使用最为广泛的一种烹调方法。“炒”的烹调方法可以根据原料、操作程序的不同而分成多类，但在潮州菜烹调中，炒的方法有四类。

其一是拉油炒法，即是加工好的原料先腌制上浆，放进六七成热的油锅中拉油，至原料八成熟，捞起沥干油分，再倒入炒锅，调味后翻炒几下，勾芡，加包尾油后装盘而成。这一类炒法，在潮州菜炒烹调方法中占较大比例，如“炒鸡球”“炒羊丝”“炒鱼片”“炒麦穗花鱿”等。其特点是：嫩滑柔软、芡汁紧。

其二是生炒法，即将原料直接放入锅中翻炒，调味后直接装盅，一般不勾糊。如“方鱼炒芥蓝”“西芹炒百合”“生炒时菜”等。这类炒法，汤汁很少，鲜香入味。

其三是熟炒法，即将原料经过初步熟处理，改刀后放入锅中略炒，加入配料、二汤和调味料翻炒几下而成，起锅时勾薄芡，如“酸菜炒猪肚”“炒肥肠”等。这类炒法的特点是略带汤汁，口味鲜香。

其四是软炒法，是指以蛋或牛奶为主，配以不带骨的肉料同炒至熟的烹调方法。有仅熟炒法和熟透炒法二种。仅熟炒法，要求把蛋液炒得均匀仅熟，肉料嵌在蛋中，口感嫩滑，如“炒芙蓉虾”；熟透炒法，是把蛋液炒得熟透，使菜肴香味十足，且色泽金黄，如“炒桂花翅”。

潮州菜在长期的发展中，对炒的烹调方法积累了丰富的经验，对炒的技术要求也很严格。一般来说，潮州菜要求炒的菜肴色泽鲜艳，味道鲜美，勾芡准确，这就要求在炒时，根据原料质地大小，而灵活掌握好火候和油温。拉油炒法因大多是旺火急炒，故在调味和勾糊时，有的采用对碗芡，即将所需调味品和湿粉水、少许上汤一起调和于碗中，再一次倒入炒鼎中，略为翻炒即装盘。拉油炒法的菜肴，要求菜肴吃完后，盘中尚剩下半汤匙多的芡汁为准确。

潮州菜历来对炒的烹调方法都极为重视，“猛火厚朥芬鱼露”这句潮菜烹调俗话，便是潮菜在实践中对炒的技术要求的经验总结。

（二）炆

“炆”是潮州菜常见的烹调方法之一，即是将经过炸、煎、炒的原料加入调味品和汤汁，用旺火烧开后再用小火长时间加热使其成熟的烹调方法。炆的特点是汁浓味厚，酥烂鲜醇。

潮州菜的烹调方法，比较强调原料在炆之前要经过油炸，故潮州烹饪有“逢炆必炸”的说法，这是因为原料经过油炸后，在炆的过程中比较容易定形，不至于太软烂，其二是原料经油炸后，炆的过程中容易入味。故潮州菜厨师在炆之前，往往要把原料炸透，炸至定形。

其次，潮州菜的“炆”还比较重视火候，把“炆”看成是一种“火功菜”，潮州菜认为“炆”的过程，应该是先大火，首先让大火把原料的异味、杂味挥发掉，随着转为中小火，让原料入味及至原料香醇，直至快装盘时，再转为大火，收浓汤汁。

潮州菜根据所用的调味品和菜肴的色泽，把炆分成两大类。一类是红炆，即炆时放老抽和少许白糖，菜肴成色深褐，如“红炆甲鱼”“红炆芦鳗”；另一类是清炆，即只放入鱼露、味精、胡椒粉之类调味品，故菜肴色泽清淡，如潮州菜传统菜肴“冬笋炆鱼膘”就属于清炆。

（三）炖

“炖”在潮州菜的烹调方法中，有两种做法，其一是隔水炖：这是用隔水加热使原料成熟的烹调方法，即将原料焯水洗净后放入炖盅，加入上汤与调味料，放入锅中，通过高温蒸汽，使盅内原料成熟。此炖法能使原料的鲜香气味不易走失，富有原料原有风味，且汤汁清亮透明。其二是不隔水炖：将原料放入陶制器皿中，加入上汤或水，调味后直接放于炉上用旺火烧开后，再用慢火加热使之成熟。潮州菜烹调方法的炖，主要用的是隔水炖法。

潮州菜筵席重视汤菜，而潮州菜筵席的汤菜大部分是使用隔水炖的烹调方法炖制的，所以炖的方法在潮州菜中占有重要的地位。潮州菜隔水炖的方法，一般是先将原料焯水，然后用清水洗去血污，再放入炖盅中，加入各式配料（如虫草、人参、当归、枸杞、石斛、橄榄等），以及葱、姜、调味料，加入上汤，加盖后放在蒸笼中炖。炖时要注意根据原料的特性掌握好时间，如果炖的时间不够，则原料炖不透，汤水缺少香浓味；如时间过长，则又过于熟烂，原料会散失鲜嫩味。

潮州菜之所以重视用隔水炖的方法来烹制汤菜，主要是因为原料和汤水放在炖盅中加盖密封，利用炖盅外的蒸汽加热，故炖盅中原料香鲜味不会走失，能更好地保存原汁原味：第二，隔水炖因是密封后通过炖盅外蒸汽加热，故原料的营养成分能慢慢溶解于汤水中，便于人体吸收，故潮州菜炖品往往和药膳结合起来，在炖品中除以动物性原料为主料外，还加入各式保健滋补药材。

潮州菜炖品常见的有“虫草炖水鸭”“洋参炖乌鸡”“清炖乌耳鳗”“橄榄炖角螺”等。

（四）炊

潮州菜烹调方法中的“炊”，也即是其他菜系烹调方法中的“蒸”，是一种以蒸汽传导加热的烹调方法。在潮州菜烹制中，这种方法运用较为普遍，它不仅用于蒸制菜肴，还用于原料的初步加工和菜肴的保温。

潮州菜以擅长烹制海鲜见长，而在潮州菜中，许多名贵海鲜，如“龙虾”“羔蟹”“东星斑”等，为保持其原汁原味，大都采用“炊”的办法，诸如“生炊龙虾”“炊鸳鸯羔蟹”等。

“炊”是潮州菜中极其重要的一种烹调方法，也是最常用的一种烹调方法，故潮州菜对“炊”的技术要求也较高，总的来说有以下几点。

第一，潮州菜强调不论“炊”任何菜肴，一定要等水沸腾了，才能把原料放入炊笼，如果水还未沸腾，就把原料放入炊笼，这样炊笼中的冷气下降，就会使炊出的菜肴不够爽滑而变晦。

第二，在炊的过程中，不能中途加冷水或热水，因为中途加水，会改变炊笼中的温度，影响原料受热的连续性，从而影响菜肴的质量。

第三，在生炊鱼时，潮州菜厨师往往在鱼盘中间横放一支竹筷，垫在鱼的中部，加速水蒸气在鱼上下左右对流，使鱼上下受热均匀。

潮州菜生炊鱼和广府菜有所不同，广府菜蒸鱼是把鱼从炊笼中取出，撒上葱丝、红辣椒丝、姜丝，往鱼盘上淋上少许老抽，再把滚油从鱼身上淋下即成，而潮州菜生炊鱼，则是将香菇丝、肥肉丝、芹菜丝、红辣椒丝、姜丝下锅炒香，加入上汤和盐、味精、胡椒粉，勾芡后加包尾油，再淋在鱼身上。

（五）炸

“炸”是用旺火加热，以食油为传热介质的烹调方法，也是潮州菜常用的烹调方法。

炸的方法有清炸、干炸、酥炸、软炸和脆炸。特点是火力要大，用油量要多，有的还要复炸。用于炸的原料加热前一般须进行腌渍，上桌时往往配有酱碟（桔油、梅膏、茄汁等），如果不配酱碟，则往往要在炸好的菜肴上淋上胡椒油。潮州菜炸制菜肴的特点是香、脆、酥、嫩。大多数炸制菜肴色泽金黄，外酥内嫩。

一是清炸，即原料不经挂糊上浆，用调料腌渍后，直接投入油锅中炸制，如潮州菜中“炸花生仁”“炸芋丝”等。二是干炸，即将原料用调味品拌渍，再拍干粉或挂糊，然后下油锅炸至熟，干炸在潮州菜炸制菜肴中占很大比例，如“干炸果肉”“干炸蟹塔虾”“佛手排骨”等，菜品外酥内嫩，色泽金黄或深褐色。三是酥炸，即在煮熟或蒸熟的原料外面挂糊，再下七八成热的油锅中炸制，炸至菜品呈深黄色或深褐色，外层发酥为止。代表菜有“炸桂花大肠”“巧烧雁鹅”“糯米酥鸡”等，特点是酥、香、嫩。四是脆皮炸，将带皮原料（一般是整鸽、整鸡、整鸭等），先用沸水略烫，使其表皮收缩绷紧，并在表面挂上饴糖，晾干后下热油锅炸至淡黄色时，将油锅端离火口，让原料浸熟便成，如“脆皮乳鸽”“炸童子鸡”等，特点是成品色泽大红、果鲜肉滑、皮脆。

（六）油泡

“油泡”也是潮州菜中一种常见的烹调方法，它是将原料上浆后，下油锅走油至刚熟，倒入漏勺沥尽油，炒鼎下料头，倒入原料，下调味品，勾芡，翻炒均匀而成。

油泡的关键是掌握好火候、油温，勾芡和调味恰当。而油温的控制，则要根据每个菜肉类厚薄、大小，受火与不受火而确定。而油泡菜肴的勾芡标准，则是“有芡不见芡流、色鲜而匀滑、不泻油、不泻芡”。应该说油泡菜肴的芡汁比炒类菜肴更少。

潮州菜油泡菜肴有特定的料头，主要有蒜头米、红椒米、鲽（方鱼）末、香菇粒、肥肉粒等。

（七）焗

“焗”是潮菜传统烹调方法之一，在古代，潮州土著居民，已经懂得使用陶器焗制食物了。

潮州菜有两种焗法，一是“盐焗法”，即将生料或半熟的原料用调料腌渍，晾干后用绵纸包裹，埋入热盐中成熟的一种烹制方法，其特点是肉香骨酥，原味鲜美。另一种是“原汁焗法”，生料腌渍后连同调味品，放进陶钵中（用竹笪垫底），用湿纸将锅盖密封，焗约20分钟，取出切件，用原汤勾芡后淋上即成，特点是原汁原味，肉滑美嫩。

这种烹调方法，最有代表性的便是“豆酱焗鸡”，其制法是光鸡宰杀后，用各种调味品腌制，在沙锅底部垫上白肥肉，把鸡放上，将少许上汤沿砂锅内壁慢慢引倒入锅内，盖上盖，用湿棉层纸把盖缝密封好，放炭炉上烧开后，用小火慢慢焗至鸡熟。此菜由于原料放入砂锅中密封焗制，故其突出的特点便是味道特别浓香、口感特别嫩滑，很有潮州地区独特风味。

（八）烙

“烙”，具体方法是用少油小火，使原料紧贴鼎底，加热至金黄色，再翻转另一面紧贴鼎底，同样加热至金黄色，是潮州菜常用的烹调方法之一。

我们说“烙”，也即是一般烹调方法中的“煎”，凡用到“煎”的烹调方法，潮州菜厨师都是说“烙”，如其他菜系“煎鱼”“煎蛋”，潮州菜厨师都是说“烙鱼”“烙蛋”，甚至用“煎”的方法制作的菜肴，都用“烙”作其名，如“蚝烙”“秋瓜烙”等。

（九）白灼

“白灼”的烹调方法，即是将原料投入烧开的沸水中烫至成熟，再蘸酱碟或拌和调味品进食的一种烹调方法。白灼的特点是烹制方法较为简单，故此也能较好地保持原料的原味。潮州菜中部分海鲜类菜肴，为保持突出原料原有的鲜美味道，也都采用白灼的烹制方法，如潮州菜中的“白灼角螺”“白灼墨鱼”“白灼珠蚶”等，均久负盛名。白灼菜肴，需蘸酱碟或拌和调味品后才进食。

（十）卤

“卤”也是潮州菜最为普遍的烹调方法之一，它在实质上和其他菜系的卤是一样的，都是用各种香料和调味料按一定的比例，先熬制成卤水，再将各种原料放入卤水中，卤至原料熟透入味。所不同的是潮州菜的卤水，根据中医“君臣佐使”之原理，使用各种中药香料和潮州特有的南姜等，并注重老汁，突出“香鲜浓郁，回味甘甜”的特点。故潮州菜的卤味制品，便具有浓厚的潮州地方风味特色，如潮州菜的“卤鹅”，也是潮州菜最具代表性的菜肴之一。

潮菜卤水的用料是：1.清水：3000克；2.香料：川椒5克、八角5

克、桂皮5克、丁香5克、甘草5克；3.植物增香料：南姜50克，蒜头、红椒、芫荽头各适量；4.调味料：糖色50克、老抽100克、鱼露300克（精盐150克）；5.鹅油100克（用姜、葱炒香）。另可适量加入香叶、草果、豆蔻、香芒、陈皮等。

卤制时，把各种原料放入卤锅中，大火烧开后，转用小火浸卤，一般卤鹅需60至120分钟左右，使其入味，然后捞起晾凉便成。

卤水使用时间愈久，香味及纯度愈高，应重复使用。卤制后应捞出香料包、植物包，滤出杂质，煮沸后静置存放。上面的油层要保留，起隔绝空气防湿抗氧化作用。但需注意的是，由于每次卤煮都要重新加入一些清水，所以每过一段时间，都必须适当再加入以上所列的各种原料，以防卤水味道变淡。

（十一）烧

“烧”这一烹调方法，在潮州菜中有两种：

一种是生料经过调味品腌渍后，放在炉上用明火烧熟，如“明炉烧响螺”“明炉竹筒鱼”等；或把原料腌制后，涂上调有麦芽糖的糖浆，穿在烧烤专用的铁叉上，放在炭火上烘烤。

此外，还有少数将生料经过调味品腌渍，或将生料卤制成熟后，放进油锅炸，也称“烧”，如“烧童子鸡”“干烧雁鹅”。

“烧”这一烹调方法，在潮州菜中，应该说是历史最悠久了。因为潮州人最古老、最简单的饮食方法，就是把肉类穿在树枝上，放在柴火上烘烤至熟而食用。“烧烤”这一烹调方法在潮州菜中虽说历史最悠久，但在潮州菜中，使用这一烹调方法的菜肴却为数不多，其中最突出的就是“烧猪”了，也即是我们平常所说的“烤小猪”。

另一种则是生料经过炸、炒、蒸，加适量汤水和调味品，用旺火烧开，改用中小火烧透入味，再旺火收汁的一种烹调方法。其特点是汁少稠黏，质地软嫩，口味鲜浓。按调味品的使用，分红烧和白烧。

（十二）醉

“醉”是潮州菜烹调方法的专用名词，可以说，潮州菜的醉的方法，接近潮州菜的隔水炖，但在时间上比隔水炖短。

所谓醉本是指喝酒过多，引起神志昏迷，所以潮州菜烹调方法的“醉”，是借用这个字来强调炖出来的菜肴的香醇。

潮州菜传统上用“醉”的方法，最突出的代表菜便是“醉菇汤”，其制法是把花菇用清水浸发后，洗净放入炖盅，把赤肉片开，摆放在菇上面，调入盐、味精、鸡油、川椒，倒入上汤，加盖放入蒸笼炖约半小时，捡去赤肉、鸡油渣、川椒粒即成。烹制此汤菜要注意的一点便是时间不能长，如时间过长便会导致花菇色暗无香、不爽滑而下沉。正因时间短，所以才把这道汤菜称为“醉菇汤”。

在潮州菜中，采用醉的方法的还有“清醉竹笙”“原盅醉鲜菇”等汤菜。

（十三）熏

“熏”是传统潮州菜一种较特殊的烹调方法，它的做法是将原料整只熟处理后，将原料、茶叶、米饭、白糖、香末及川椒、八角等香料放炒鼎中加热，并使之冒出香气，使熏气香味渗入原料之中。

“熏”的烹调方法因为制作较复杂，且有的人不喜欢这烟熏味，故目前在潮州菜酒楼已很少使用了，但使用这烹调方法制作的潮州菜“美味烟香鸡”，却是潮州菜一代宗师朱彪初师傅的拿手菜。

使用“熏”的方法，一定要注意火力的控制，因原料是已经成熟的，故不是要用烟熏使其成熟，而是要加热使熏料发烟渗味入原料，如火太旺则将熏料烧焦，如火力太小，则不能使熏料发烟，这个菜之所以要用木炭炉，是因为木炭的火力较均匀。

“熏”的方法虽然目前在潮州菜酒楼较少使用，但我们仍可以从它身上看出潮州菜烹调方法之丰富。

（十四）羔烧

“羔烧”是潮州菜烹制甜菜的一种最为传统的烹调方法，它的烹制过程是先将原料作初步熟加工，然后再将原料放入糖浆中用文火烧煮。

“羔”在潮州话中含有液体浓度高的意思，如潮州方言“羔羔洋”就是这个意思。故羔烧的特点应该是糖浆的浓度比蜜汁高。

一盘羔烧菜肴端上桌的时候，不应该有很多的糖水，因此潮州菜的羔烧有点类似北方的“拔丝”，但又没有“拔丝”那么稠浓。如潮州菜传统的“羔烧白果”，就是砂锅用竹笪垫底，把已处理的白果肉倒入砂锅中，再取白糖盖在白果上面，然后用木炭炉文火煲至糖水成为稀糖胶即可。

潮州菜羔烧的最突出特点便是香滑浓甜。

（十五）反沙

“反沙”是潮州菜中烹制甜品的一种烹调方法，即把白糖融成糖浆，再把经炸或熟处理的原料投入糖浆中，待其冷却凝固，糖浆成一层白霜般包裹在原料的外层，吃起来特别香甜可口。潮州菜使用反沙烹制的菜肴，有“反沙芋”“反沙番薯”等。其中把芋、红心番薯切成长条，炸后反沙，一起摆盘上桌，潮州菜厨师还美其名曰“金砖银砖”“金玉满堂”。为什么潮州菜厨师把这种烹制方法称为“反沙”？这是因为潮州人把白糖称为沙糖，反沙是把沙糖融为糖浆，经冷却后又成为固体的糖粉，故反沙有“返回”沙糖原状之意。“反沙”的烹调过程是，先把炒鼎洗净，按比例放入水和白糖，使用中火，用手勺不停地搅拌，至糖浆浮起大泡沫，用手勺盛起一勺糖浆，慢慢倒进鼎中，如观察到勺中全是大泡沫，而没有液体状的糖浆，便可把经炸好的原料快速倒入，并用手铲轻快地翻铲，对着原料吹风，至糖浆在原料外层均匀地凝结成一层白霜般的糖衣即成。

“反沙”的烹调方法看似简单，实则技术要求很高，要掌握好“反沙”这一烹调方法，一定要注意三个关键环节，一是水和白糖的比例，二是控制好火候，三是掌握好原料倒入糖浆中翻铲的时机。

（十六）冻

“冻”是潮州菜特有的一种烹调方法，是将含有高胶质的动物性原料，熬至原料大量胶质完全溶解于汤中，调味后定型，冷却后凝固而成。

潮州菜菜肴中采用“冻”的烹调方法的主要有“猪脚冻”“猪皮冻”和“肉冻”，以芫荽和鱼露、胡椒粉佐食，风味特殊，是冬天餐厅和百姓日常餐桌上常见的菜肴，极具潮州地方特色。此外，还有“冻金钟鸡”等菜肴。烹制这类菜肴，除放进冰箱降温外，还可适量加入琼脂，使其易于凝固。“冻”的菜肴，晶莹透彻、入口即化、肥而不腻。

三　潮州菜的特点

潮州菜，在漫长的发展过程中，博采众长，为我所用，不断丰富、充实自己；但受地域限制，以及本地人文、历史、风俗习惯的影响，又保留了独特的地方特色。

潮州菜包括了两大部分：一是独有的菜式，即“人无我有”，如卤水鹅、明炉烧响螺、护国菜等；一是“潮州化”了的外来菜式，即“人有我优”，如牛肉丸、鱼丸、虾丸类系列（来自客家菜）、鱼饺

（来自福建的“肉燕”）、沙茶系列（来自南洋的酱料）等。这说明潮州菜是一个开放型的菜系。其特点如下：

（一）擅长烹制海鲜

擅长烹制海鲜，可以说是潮州菜最为突出的特点。潮州地区有着漫长的海岸线，海产品资源丰富，能作为烹饪原料的海鲜不下数千种。“靠山吃山，靠海吃海”，潮州人民历来已养成吃海鲜的习惯，更总结出一整套烹制海鲜的技法，成为潮州菜鲜明的特色。

潮州菜擅长烹制海鲜的特点，首先是海鲜类菜肴多，在潮州菜中占的比例很大，有40%之多。广州人有“无鸡不成席”之说，而潮州地区称“无海鲜不成筵”，则一点也不过分。凡正规的潮州筵席，必要有几款海鲜类菜肴，每当筵席吃到高潮之时，往往是一道高档海鲜上桌之时，如“生炊龙虾”“明炉烧响螺”“红炆鲍鱼”等。

其次，便是烹调技艺多样且精细，常见的烹调方法有十余种之多，如炒、炆、炖、炊、白灼、油泡、生腌、生淋、煎、炸、烧、烤、冻、醉等，更值得一提的是，潮州菜厨师在烹制海鲜时，能根据不同海鲜的不同特点、不同部位，不同的季节、不同的筵席主题而采用不同的烹调方法，使烹制出来的菜肴，恰到好处地体现出原料的特色。

总之，潮州菜烹制海鲜的方法可谓五花八门、丰富多样而又恰到好处，甚至同一海鲜，也可有多种不同的烹调方法，体现出不同的风味特点，如螃蟹，潮州菜中便有“生炊肉蟹”“炊鸳鸯膏蟹”“干炸蟹塔”“清汤蟹丸”“姜葱炒肉蟹”“豆浆焗肉蟹”“咸羔蟹”“醉蟹”等。潮菜擅长烹制海鲜的特点，可以说是潮州菜深受人们欢迎的重要原因之一。

（二）味尚清鲜

这一特点，是潮州菜口味方面的突出特色。潮州菜在口味上强调原汁原味，突出“清”和“鲜”这两大特色。

潮州菜的“清”，主要表现在菜肴色泽素淡、气味清芬、不油不腻、突出主味、去除杂味。清淡并不意味着简单、简易，不是淡而无味，而是淡中求鲜，淡中取味，最大限度地保留食物的原汁原味。如潮州菜的汤菜，大部分使用“隔水炖”的方法，所用肉料炖前均要经过焯水漂洗，因此上桌的汤菜，均是清澈见底，散发着淡淡的清香气味。甚至连浓郁的菜，也在浓郁之中透出“清”的特色。如“卤水鹅”，虽然加入了花椒、八角、桂皮、南姜等香料，但由于潮州菜师傅根据中医“君臣佐使”的原理将中药香料进行配搭，而香料的用量、卤制火候的控制都十分恰当，因此品尝到的卤水鹅，并没有一种浓烈辛辣的感觉，而是有一种淡淡芳香。

潮州菜讲究的“鲜”的特色，则主要是强调烹调原料要新鲜，如海产品都要求生猛鲜活，蔬菜原料也要求时令新鲜。潮州菜这“清”和“鲜”的两方面，是相辅相成、相得益彰的。而正是因为潮州菜强调“清淡”，反过来才能更好地体现出来新鲜原料的本味。

（三）素菜荤做特色

潮州菜素菜是以非动物性原料为主料，但又不同于佛门的斋菜，就是“素菜荤做”“见菜不见肉”。由于蔬菜瓜果这些素菜原料偏于清淡、乏味，所以在烹制过程中，加入肉味香浓的上汤或老母鸡、排骨、赤肉等动物性原料共炆，使蔬果的清香和肉类的浓香糅合成一种复合的美味，这种美味甘芳中带有浓香，素和荤完美结合，令人百尝不厌，回味无穷，使味道升华到一个完美的境界。

擅长烹制海鲜和素菜荤做，是潮州菜最具特色的两个方面，它们宛如潮州菜艺园中的两颗耀眼明珠，一荤一素，交相辉映。素菜把潮州地区的田园风光带上餐桌，让人在品尝富有特色的海鲜之后，又能饱享鲜美可口的天然蔬菜的鲜美，使潮州菜筵席更具潮州风味，故潮州菜筵席一般都要配1～2道素菜。

（四）筵席间独特的工夫茶

潮州菜和工夫茶，同属潮州文化，在潮州饮食文化发展的漫长过程中，潮州菜和工夫茶紧密地结合在一起，以至一桌潮州菜筵席，即使烹制的潮州菜是多么的传统正宗，如果没有上工夫茶，人们都认为那不是正宗的潮州菜。当人们吃完一道浓郁的菜肴后，喝上一小杯甘醇的工夫茶，既解肥腻，又清除口腔中的杂味，以便能更好地品尝下一道菜肴的美味，因而使人们在进食的过程中，变得有韵律和节奏。在潮州菜筵席中，上工夫茶的程序一般是当客人入座后，便要上第一道工夫茶，以示敬客，然后在席间穿插上2～3次，而且最好是在较肥腻的菜肴之后上；当筵席结束时，还要上最后一道工夫茶。

（五）注重食疗养生

“医食同源”“药食同用”的食疗养生，在潮州菜中体现得淋漓尽致。首先，最重要的一点，在潮州菜中，大量菜肴除讲究色、香、味、形的完美之外，还针对人体某方面健康有食疗效用。如秋燥季节，不少潮州菜酒楼都会推出“橄榄炖猪肺”这款菜肴，便是根据中医以形治形的原理，结合橄榄生果具有生津液、除烦热、清咽止渴的作用而来。在这季节食用这款菜肴，无疑对治疗肺燥热的毛病，会起到一定作用。

潮州菜中除上举原料为单纯食物而起到食疗作用的菜肴外，还有大量以各式中药作配料，和其他潮州菜烹饪原料共同烹制成的菜肴。在潮州菜中，经常入馔的中药材有人参、当归、枸杞、洋参、田七、石斛、沙参、玉竹、冬虫夏草等。这些药材入馔，除起到一定疗疾保健的作用外，还能除去菜肴的腥臊，给菜肴增添一点淡淡的药材的芬芳味，这类菜肴在潮州菜中极其普遍，而且极受食客的欢迎。

（六）搭配小食

风味小食，各地都有，在筵席中搭配小食，则不多见。但潮州菜独具匠心，将风味小食搭配在筵席菜之中，宴会中间上咸点，既可换口味，又能协调节奏、增强食欲、调节气氛，有如戏剧中的过场。最后上甜品，则意味着宴会将在甜甜蜜蜜中圆满结束，也巧妙地表达了主人的良好祝愿！

CHAPTER 2

第二章 燕翅鲍参肚类

■ 著名画家关山月题字

冰花燕窝

特点

色泽晶莹，润肺养颜。

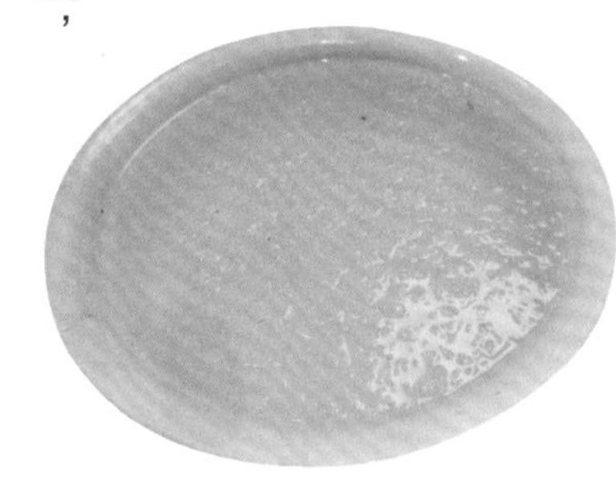

原料：

燕窝七钱，冰糖六两。

制法：

将燕窝泡发，拣毛后放在碗里，入笼蒸15分钟取出待用。

将冰糖和八两清水煮至溶化，撇去浮沫，从盛燕的碗边轻轻注入即成。

芙蓉官燕

特点

清甜润肺，形象美观。

原料：

燕窝七钱，冰糖六两，鸡蛋清四只。

制法：

将燕窝泡发，拣毛后放在碗里，入笼蒸15分钟取出待用。

将鸡蛋白盛在碗里，用蛋糕棒打成芙蓉后盖在燕窝上，快速放入笼蒸1分钟取出，倒去水分待用。

将冰糖和八两清水煮至溶化，撇去浮沫，从盛燕的碗边轻轻注入即成。

注：加入甜杏仁（去膜），叫杏仁燕窝。

鸡茸燕窝

特点

色泽雪白，软嫩幼滑、鲜香。

原料：

燕窝七钱，火腿末三钱，鸡胸肉二两，鸡蛋清二只，上汤一斤二两，生猪皮一张，猪油、精盐、味精、粉水各少许。

制法：

❶ 将燕窝泡发、拣毛、洗净、盛在碗内，上笼蒸15分钟取出，倒入大汤碗、淋上热猪油四钱待用。

❷ 去净鸡胸肉筋络，切片后用清水浸泡10分钟，捞起沥干水分。将鸡胸肉放在猪皮上剁成茸，盛在碗里，将鸡蛋清加入后拌匀，再加入冷上汤二两，搅匀成稀浆待用。

❸ 将上汤烧沸，加入味精、精盐后勾薄芡，再将鸡茸稀浆徐徐加入，用勺轻轻推匀，熟后淋在燕窝上面，撒上火腿末即成。

红炖鱼翅

特点
翅针软滑，味鲜香浓。

原料：

明翅一斤五两，光老鸡一只，猪脚一个，猪皮五两，火腿骨一两，火腿丝半两，二汤五斤，豆芽四两，芫荽二两，猪油、姜、葱、酒、味精、精盐、酱油各少许。

制法：

● 将明翅用清水浸泡四小时后下锅焯水，捞起漂凉去沙，再下锅煲，捞起漂凉，反复几次，用清水漂洗后去净细沙、翅骨、杂骨，锅下水烧开，加入姜、葱、酒，投入鱼翅焯水，捞起用清水漂凉待用。

● 老鸡背开，猪脚剁大块和猪皮、火腿皮分别下锅焯水，捞起用清水漂凉，一起下锅炒香，下盐，赞绍酒待用。

● 将一片竹篾垫在砂锅底，放上鱼翅，再盖上一片竹篾，放上猪脚、猪皮、火腿骨和姜、葱、芫荽头（扎把），加入二汤四斤、精盐、酱油后加盖，用旺火炖2小时取去猪脚、猪皮、火腿骨和姜、葱、芫荽头（扎把），再将老鸡盖上，加入二汤一斤，转中火炖3小时后再改用慢火炖1小时，取出鱼翅装入汤窝待用。

● 将原汤过滤，下锅烧沸，加入味精、酱油推匀淋在鱼翅上，撒上火腿丝。豆芽去头尾洗净，下汤锅焯熟捞起装盘，和鱼翅、清汤一碗一起上席，上席时跟上芫荽叶一碟、浙醋一小碗即成。

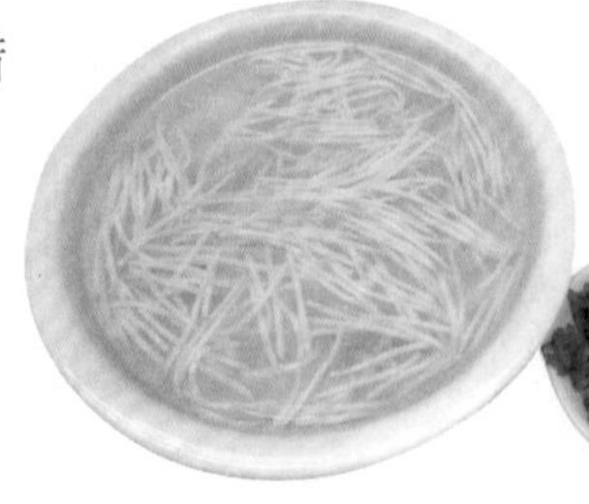

炒桂花翅

特点

甘香松脆。

原料：

炖好鱼翅六两，赤肉二两，蛋二只，火腿末三钱，葱末二钱，生菜十二叶，薄饼皮十二张，川椒末、味精、盐各少许。

制法：

◎ 将赤肉剁成茸放在碗里，投入鱼翅拌匀待用。

◎ 将葱末、川椒末下锅炒香后和蛋液、味精、盐一起投入鱼翅料里拌匀待用。

◎ 将拌匀的鱼翅料放进锅里炒匀至发松装盘，撒上火腿末即成，上席时跟上生菜叶、薄饼皮和浙醋二碟。

清鱼翅丸

特点

汤清味美、嫩滑爽口。

原料：

炖好鱼翅四两，虾肉四两，火腿末半两，鸡蛋清二只，肥肉粒半两，上汤一斤二两，猪油、精盐、味精、胡椒粉各少许。

制法：

一 将炖好鱼翅焯水捞起，漂凉后沥干水分待用。

二 将虾肉剁成茸，投入盐、味精、蛋白后挞至起胶，加入肥肉幼粒拌匀，再加入鱼翅拌匀，挤成丸子（24粒）放在盘里，撒上火腿末待用。

三 将鱼翅丸放入蒸笼用旺火蒸10分钟，取出盛在汤窝待用。

四 将上汤烧沸，加入味精、精盐、猪油，再淋入汤窝，撒上胡椒粉即成。

红炆鲍鱼

原料：

澳洲鲍一只约二斤，笋花十二片，湿香菇一两五钱，上汤六两，熟鸡油一两，净老鸡一斤，瘦肉五两，姜、葱、绍酒、味精、酱油、红豉油、胡椒粉、麻油、粉水各少许。

制法：

将鲍鱼去壳洗净，用姜、葱、绍酒腌过，下锅焯水2分钟，捞起洗净，老鸡、瘦肉焯水后下鼎炒香待用。

将竹篾片垫在砂锅底，放入老鸡、瘦肉，加入上汤、酱油、红豉油，烧沸后加入鲍鱼，用武火炆30分钟后改用文火炆1小时取出，放花刀后用斜刀切成二分厚梳子片待用。

将香菇下锅用鸡油炒香，下笋花略炒，烹绍酒，加入鲍片、上汤炆2分钟，下味精、胡椒粉、麻油后勾芡即成，

特点

肉质软嫩，醇香可口，鲜味极浓。

炆芦笋鲍

特点

味鲜美，爽而滑。

原料：

海王鲍鱼一罐，芦笋十支，火腿片五钱，湿香菇五钱，猪油一两五钱，上汤三两，鸡油五钱，精盐、味精、麻油绍酒、粉水各少许。

制法：

① 将鲍鱼切片放花刀后切条，芦笋切段，香菇洗净切片待用。

② 将香菇下锅用猪油炒香，下鲍鱼，烹绍酒，加入芦笋、火腿片、原鲍鱼汁、上汤和精盐略炆，勾芡后下麻油、鸡油推匀装盘即成。

红炆海参

特点

烂而不糜，软滑可口，鲜味浓郁，营养丰富，是潮州传统风味。

原料：

水发海参一斤五两，肚肉一斤，老鸡一斤，湿香菇一两，肉丸仔十粒，生蒜一条，虾米五钱，猪油三两，姜、葱、绍酒、上汤、精盐、味精、酱油、红豉油、芫荽、麻油、甘草、粉水各少许。

制法：

① 将海参切成长二寸、宽一寸的块，锅下水烧沸后下姜、葱、酒，投入海参焯水，捞起去掉姜、葱，肚肉、老鸡肉各斩块，分别下锅焯水，捞起漂凉待用。

② 将竹篾片垫在砂锅底，海参用猪油略炒后倒入锅里，再将肚肉、老鸡肉炒香，烹绍酒，加入芫荽头（扎把）、生蒜、酱油、红豉油、上汤、甘草烧沸后倒入锅中，用武火烧沸后改用文火炆1小时，再加入香菇、肉丸仔、虾米炆至海参软烂后去掉肚肉、老鸡肉、芫荽头、生蒜、甘草，下味精、精盐后勾芡，加入芝麻油、猪油推匀装盘即成。上席时跟上浙醋二碟。

鸡茸海参

原料：

水发海参一斤三两，鸡胸肉三两，鸡蛋清二只，鸡壳一个，五花肉五两，火腿皮五钱，火腿末三钱，猪油一两五钱，生猪皮一张，上汤一斤五两，姜、葱、绍酒、味精、精盐、粉水各少许。

制法：

将海参切成长二寸、宽一寸的块，锅下水烧沸后下姜、葱、酒，投入海参焯水，捞起去掉姜、葱，五花肉、鸡壳各斩块，分别下锅焯水，洗净下锅炒香，烹绍酒待用。

将竹篾片垫在砂锅底，海参用猪油略炒后倒入锅里，加入肚肉、鸡壳、火腿皮、上汤、精盐，用武火煮沸后转文火炆至海参软烂，去掉鸡壳、五花肉、火腿皮，下味精、精盐后勾芡装盘待用。

去净鸡胸肉筋络，切片后用清水浸泡10分钟，捞起沥干水分。将鸡胸肉放在猪皮上剁成茸，盛在碗里，将鸡蛋清加入后拌匀，再加入冷上汤二两，搅匀成稀浆待用。

将上汤烧沸，加入味精、精盐后勾薄芡，再将鸡茸稀浆徐徐加入，用勺轻轻推匀，熟后淋在海参上，撒上火腿末即成。

特点

鸡茸嫩滑、香味浓郁。

清金钱肚

原料：

油发鱼肚一两五钱，虾肉三两，鸡胸肉三两，方鱼末二钱，火腿片五钱，鸡蛋清二只，湿草菇五钱，肥肉二两，猪网油三两，上汤一斤，笋花、味精、精盐、胡椒粉、绍酒、雪粉各少许。

制法：

将油发鱼肚用清水浸泡2小时，焯水后捞起，用清水反复漂洗，锅下水烧沸后下绍酒，投入鱼肚滚去异味，捞起洗净沥干水分待用。

将虾肉、鸡胸肉分别剁成茸，投入盐、味精、蛋清后挞至起胶肥后，加入方鱼末拌匀成馅料，肥肉切四方条，草菇去蒂洗净待用。

将猪网油摊开，撒上雪粉，放上鱼肚，酿上虾胶，中间放上肥肉条，卷成圆条后入蒸笼蒸10分钟取出，切成一寸段，放进炖盅，加入上汤、草菇、火腿、笋花、精盐，入蒸笼蒸20分钟，取出加入味精，撒上胡椒粉即成。

特点

汤清味美，鲜嫩爽口，形如金钱。

芝麻鱼肚

特点

香鲜味浓，软滑可口。

原料：

油发鱼肚一两五钱，笋花一两，湿香菇五钱，五花肉三两，虾米三钱，芝麻酱一两，味精、鱼露、胡椒粉、猪油、绍酒、粉水各少许。

制法：

◎ 将油发鱼肚用清水浸泡2小时，焯水后捞起，用清水反复漂洗，锅下水烧沸后下绍酒，投入鱼肚滚去异味，捞起洗净切段，笋花切片，五花肉切片待用。

◎ 将香菇下锅用猪油炒香，加入五花肉略炒，再放入笋花、鱼肚略炒，加入上汤、虾米、鱼露，盖上五花肉炆5分钟，去掉五花肉，加入味精、胡椒粉、芝麻酱，勾芡后下麻油推匀装盘即成。上席时跟上浙醋二碟。

CHAPTER 3

第三章 家禽类

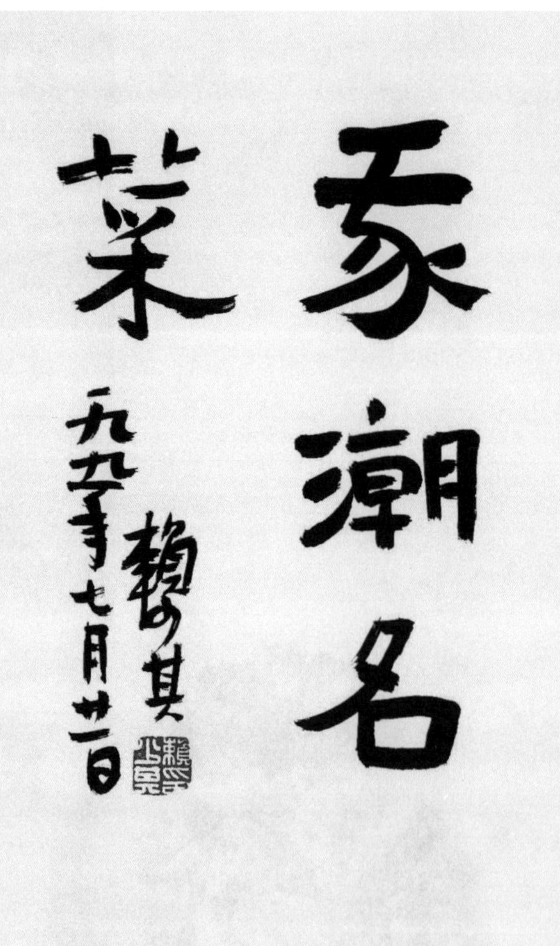

■ 著名画家、书法家赖少其题字

盐焗鸡

特点

皮酥脆，肉鲜嫩，味咸香。

原料：

嫩光鸡一只，粗盐六斤，味精、盐、姜、葱、麻油、酒各少许，白竹纸一张，猪油五钱。

制法：

◎ 将光鸡洗净晾干，将姜、葱用刀拍碎后和料酒、味精、盐抹在鸡身内外，姜、葱放进鸡腹，再用白竹纸包密待用。

◎ 将粗盐六斤放进锅里炒至烫手（约70℃~80℃）后，将盐扒开成窝状（盐距锅底约一寸厚），将鸡放进盐窝中，盖上盐加盖密封，用中火焗20分钟至熟取出待用。

◎ 将鸡拆肉，鸡骨斩件垫在盘底，然后将鸡肉切成条状放在碗中，加味精、麻油拌匀后放鸡骨上，摆上头尾成原形即成。上席时跟姜葱油二碟。

豆酱焗鸡

原料：

嫩光鸡一只（约一斤半），豆酱二两，肥膘肉二两，上汤二两，姜、葱、酒、味精各少许。

制法：

◎ 将光鸡洗净，豆酱打成羔液状，加入姜、葱、酒和味精拌匀后抹在鸡身内外，姜、葱塞在腹内，腌15分钟待用。

◎ 肥膘肉垫在砂锅底，放上光鸡，下上汤二两，加盖密封后用旺火焗10分钟，再改慢火焗10分钟至熟取出待用

◎ 将鸡拆肉去骨，将骨斩件垫在盘底，将鸡肉切块放在骨上，摆上鸡头尾成原形，用焗鸡原汤淋上即成。

特点

色泽金黄，味香浓，肉嫩滑，别有风味。

生炒鸡球

原料:

鸡肉八两，湿香菇四钱，冬笋三两，红辣椒、姜、葱、酒、味精、鱼露、麻油、雪粉各适量。

制法:

❶ 将鸡肉片开，用花刀法将鸡肉放横直花纹，再切成一寸长的方块，用酒、鱼露、雪粉水拌匀，香菇、冬笋切片，红辣椒切菱形（或三角）片，葱白切段待用。

❷ 将盐、味精、麻油、胡椒粉、粉水各少许对成碗芡待用。

❸ 将鸡肉下五成热油锅溜2分钟捞起，冬笋也下油锅溜过捞起，香菇下锅炒香，投入鸡肉、冬笋、红辣椒和葱白，倒入碗芡翻炒几下装盘即成。

特点

嫩滑爽口，味道鲜美。

生炒鸡篷

特点

肉质软嫩滑，味道香浓。

原料：

鸡肉八两，蛋清一只，肥膘肉三钱，方鱼五钱，湿香菇三钱，芹菜珠五钱，味精、盐、胡椒粉、麻油各少许。

制法：

壹 将鸡肉片开，用花刀法放横直条纹，抹上蛋清、盐和粉水少许后放进油锅里过油捞起待用。

贰 将盐、味精、麻油、胡椒粉、粉水各少许对成碗芡待用。

叁 将香菇粒下锅里炒香，下肥膘肉粒，芹菜珠，方鱼末炒过，投入鸡肉炒匀后，倒入碗芡翻炒几下装盘即成。

角玉炆鸡

特点

色泽金黄，香浓嫩滑。

原料：

鸡肉八两，面粉二两，鸡蛋二只，湿菇三钱，笋花几片，熟鸡蛋一只，辣椒片、姜、葱、酒、盐、味精、麻油、胡椒粉、雪粉各少许。

制法：

将鸡肉片开后用花刀法放横直花纹，用姜、葱、酒、盐腌十分钟，去掉姜、葱，摊在盘里，蘸上蛋液，撒上干面粉，下油炸至金黄色捞起，熟鸡蛋去壳切半，雕成蛋花待用。

将菇片、笋花、辣椒片和炸后的鸡肉一起放在锅里，加上汤、盐炆约五分钟，将鸡肉取出，切成一寸块状放在盘里，将香菇，笋花、椒片间隔摆在鸡肉上面，用鸡原汤加入味精、麻油、胡椒粉后勾芡淋上，两边各放一个蛋花即成。

炆莲花鸡

特点

造型美观，形似莲花，肉滑味鲜。

原料：

鸡肉八两，洋葱四两，面粉七两，味精二钱，盐一钱，雪粉五钱，湿香菇一钱，白糖一钱，茄汁一两，姜片、姜、葱、酒、麻油、胡椒粉各少许。

制法：

将鸡肉片开后切成雁块，用姜、葱、酒、盐腌过后放进油锅炸透捞起待用。

洋葱洗净用刀切成五分片形，放进热油中熘过，香菇、姜片下锅炒香，投入鸡肉和洋葱炆10分钟，加入味精、盐、白糖、茄汁、麻油、胡椒粉，勾薄芡用碗装起待用。

将面粉七两用开水二两冲过，拌匀后搓成条，用刀切成三块（一块三两，二块二两）然后第一块面粉皮擀成八寸圆形，放在碗底（碗底要先抹上油）用刀划成交叉线，再取第二块面粉擀做成五寸半圆形，下锅用少许油煎至两面略赤时取出，用刀划割成形，摆进碗里要间隔砌叠在节一块上面，再放上炆好的鸡肉，洋葱，然后将第三块面粉擀做成六寸圆形盖上，将边缘绞成索状待用。

将做好的莲花鸡放进蒸笼蒸10分钟，取出扣在盘中，将面皮逐层开即成。

注：又名面包鸡。

酿百花鸡

原料：

嫩鸡一只，鲜虾肉七两，蛋清一只，火腿末五钱，肥膘肉一两，猪油一两，味精三钱，芹菜末一钱，马蹄粒三钱，上汤、姜、葱、酒、味精、盐、胡椒粉、雪粉各少许。

制法：

◎ 将鸡宰后拆肉，连皮片薄后放花刀，用、姜、葱、酒、盐腌后摊在盘里待用。

◎ 将虾肉剁成茸，投入盐、味精、蛋清后挞至起胶时，将肥膘肉、马蹄切成小粒，掺入拌匀后酿在鸡肉上面，用手抹平滑，一半撒上火腿末，一半撒上芹菜末，放进蒸笼用旺火约蒸8分钟至熟取出，用刀切成一寸长方形块状，两色间隔摆放在盘中，放上头、翅、尾摆成原形后，用原汤加入味精、胡椒粉，勾芡后淋上即成。

特点

造型美观，清鲜爽口。

奶油荷包鸡

特点

汤色奶白，香滑味鲜。

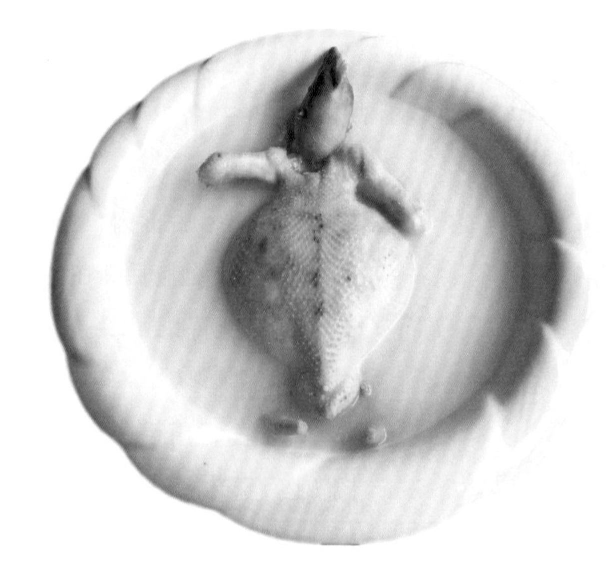

原料：

脱骨全鸡一只，火腿五钱，鸡蛋清二只，鸡肉粒六两，牛奶四两，笋花几片，上汤一斤二两，味精、盐各少许。

制法：

将鸡肉粒、火腿粒、牛奶一两、蛋清两只放入大碗，下味精、盐后用筷子搅拌均匀，装进鸡腹内，用竹针缝密待用。

将荷包鸡成只放入锅里用沸水烫过，捞起用冷水洗净，装在汤窝中，加上汤、牛奶和盐后放进蒸笼蒸1个小时，取出加入味精，放上笋花即成。

玻璃酥鸡

特点

外酥肉嫩，味鲜香。

原料：

鸡肉六两，韭黄粒三钱，肥肉粒三钱，马蹄粒三钱，面粉一两五钱，鸡蛋清二只，味精三钱，火腿末一钱，上汤、姜、葱、酒、盐、胡椒粉、麻油各少许。

制法：

- 将鸡肉片薄，用姜、葱、酒和盐腌十分钟后摆在盘中待用。
- 将韭黄粒、肥肉粒、马蹄粒、火腿末、面粉、蛋清、盐和胡椒粉装在碗中，用筷子搅匀后酿在鸡肉上，压实待用。
- 将鸡肉放进五成热油锅炸至金黄色捞起，切成一寸形块状待用。
- 将上汤烧沸，加入味精、盐、胡椒粉、麻油后勾芡成琉璃糊，放在盘中，砌上鸡肉即成。

生炸鸡卷

原料：

鸡肉六两，香菇三钱，马蹄三钱，葱二钱，腐皮二张，味精、盐、胡椒粉、麻油、雪粉各少许。

制法：

● 将鸡肉和香菇、马蹄、葱分别切丝，加入味精、盐、胡椒粉、麻油拌匀成鸡丝馅待用。

● 将鸡丝馅用腐皮卷成条状，再切成一寸段，切口处糊上雪粉水，下油锅用慢火炸至金黄色，捞起摆在盘里，淋上胡椒油即成（盘边要伴边）。上席时跟上甜酱二碟。

特点

色泽金黄，味香爽口。

明年春陽汁，盈尺煙，

糯米酥鸡

特点

色泽金黄，外酥松，馅嫩滑，味香。

原料：

脱骨全鸡一只，糯米二两，肫丁二两，鸡丁二两，香菇丁二钱，莲子五钱，火腿粒一钱，虾米二钱，麻油、盐、味精、胡椒粉各少许。

制法：

◎ 将糯米浸水捞干放进蒸笼蒸熟晾干，再将各丁下油锅炒过，投下糯米炒匀，加入麻油、盐、味精、胡椒粉拌匀成馅，装入鸡腹内，缝密后盛在盘里，放进蒸笼蒸1小时，取出压平待用。

◎ 将鸡放下油锅炸至金黄捞起，用斜刀切成块状，放在盘里，摆上头尾呈原形，淋上胡椒油即成。上席时跟上甜酱二碟。

双拼龙凤鸡

特点

味道各异，口感互补。

原料：

肥嫩鸡一只约一斤五两，虾一斤五两，生菜四两，蛋黄四个，味精三钱，仁油一两五钱，白醋六钱，白盐二钱，白糖二钱，芥末二钱，姜、葱、酒、味精、盐、胡椒粉、雪粉各少许。

制法：

① 将鸡用姜、葱、酒、盐腌后放进蒸笼蒸熟取出，晾凉后拆去骨头，斩碎垫在盘的一边（头大、尾小），再将鸡肉切成一寸二分形的块状摆在鸡骨上面待用。

② 将明虾灼熟去壳，生菜放在盘的另一边（头大尾小），然后将虾肉摆在生菜上面待用。

③ 将蛋黄、芥末、白糖、味精、盐一起放在大碗里，用筷子使劲打，边打边下仁油（仁油分次下），打成酱后下醋拌匀即成沙律酱。上菜时将酱盛两小碗里一齐上。

注：如不用沙律酱，也可以用梅羔酱、茄汁、白糖、麻油制成的酱碟。

生炒鸭片

特点
鲜嫩爽滑。

原料：

鸭肉六两，笋肉二两，湿香菇五钱，红辣椒、葱白、姜、酒、味精、鱼露、麻油、雪粉各少许。

制法：

将鸭肉片成薄片，用花刀法放横直花纹，再切成每块一寸长的方块，用料酒、鱼露、粉水拌匀。香菇、笋切片，红辣椒和姜切菱形（或三角）片，葱白切段待用。

将盐、味精、麻油、胡椒粉、粉水各少许对成碗芡待用。

将鸭肉下五成热油锅溜2分钟捞起，笋片也下油锅溜过捞起，香菇下锅炒香，投入鸭肉、笋片、红辣椒片、姜片和葱白，倒入碗芡翻炒几下，加包尾油后装盘即成。

炖五香鸭

特点

肉滑软烂，味香浓。

原料:

光鸭一只二斤，粗骨四两，姜二片，葱二条，上汤一斤，八角四粒，味精、酱油、红豉油各少许。

制法:

❶ 将光鸭洗净，用红豉油上色后下油锅里炸至金黄色捞起，粗骨焯水后洗净待用。

❷ 将鸭放在锅里，盖上粗骨，放上姜、葱、八角，加上酱油和上汤，加盖密封，用旺火后烧沸后改用文火煲90分钟，取出装盘，用原汤加味精后勾芡淋上即成。

炆腐皮鸭

特点

色泽金黄，香醇可口。

原料：

鸭肉八两，腐皮二张，糯米二两，栗子肉二两，虾米二两，方鱼二钱，湿香菇三钱，猪肉二两，鸭蛋一只，上汤、酒、味精、盐、酱油、胡椒粉、麻油、雪粉各少许。

制法：

❶ 将鸭肉片薄，用酒、酱油、蛋清腌过，糯米浸水捞干放进蒸笼蒸熟，虾米、湿香菇洗净切粒，方鱼炸过研末待用。

❷ 将虾米、湿香菇、方鱼和蒸热糯米一起拌匀，加入味精、盐、胡椒粉、麻油拌匀成馅，栗子肉煮熟过油，猪肉切片用酒、酱油腌过待用。

❸ 将腐皮摊开，撒上薄雪粉，放上鸭肉，再放上糯米馅，卷成圆条状，用咸草扎紧，下六成热油锅炸至金黄色捞起，再将鸭卷加上汤少许焗10分钟待用。

❹ 将鸭卷改件，放在碗底，再将栗子肉和猪肉拌匀盖上，入笼蒸10分钟取出扣在盘中，用原汤加味精、盐、胡椒粉、麻油后勾芡淋上即成。

炆竹节鸭

特点

肉嫩味香，脆滑爽口。

原料：

鸭肉八两，腐皮二张，湿香菇一两，笋肉三两，火腿五钱，栗子二两，鸭蛋一只，辣椒一粒，上汤、姜、葱、酒、味精、盐、胡椒粉、麻油、雪粉各少许。

制法：

将鸭肉片薄，用姜、葱、酒、盐、腌过，取一半湿香菇、笋肉、火腿和辣椒一粒切丝，另一半湿香菇、笋肉、火腿切片待用。

将腐皮摊开，撒上薄雪粉，放上鸭肉（皮向下），抹上蛋清，再放上香菇丝、笋丝、火腿丝，中间放上辣椒丝，卷成圆条状，用咸草扎紧，入蒸笼蒸10分钟取出待用。

将鸭卷下六成热油锅炸至金黄色捞起，栗子过油捞起，下香菇片炒香，加入鸭卷和栗子、上汤、笋片、火腿片、盐、胡椒粉、炆30分钟取出，鸭卷去掉咸草后切件装盘，香菇、笋片、火腿片、栗子排在四周待用。

将原汤加味精、麻油后勾芡淋上即成。

炸云南鸭

特点

酥香、油滑。

原料：

红炆鸭一只，虾片五钱，雪粉二两，肥肉粒一钱，虾片五钱，川椒末、葱花、味精、盐、麻油少许。

制法：

先将鸭拆肉去骨，将鸭肉和骨分别在盘里，撒上干雪粉拌匀，放进蒸笼里蒸2分钟取出待用。

将川椒末、肥肉粒、葱花下油锅炒香，下原汤和味精、盐、麻油，勾芡后放入盘底待用。

将鸭肉和骨分别下油锅里炸至金黄色捞起，将骨垫在盘底，鸭肉切块放在上面，再将虾片油炸后捞起围在鸭肉周围即成。

干炸鸭胸

特点

色泽金黄，酥香可口。

原料：

熟鸭胸肉六两，湿香菇五钱，瘦肉二两，虾肉一两，蛋清二只，盐、麻油、胡椒粉各少许。

制法：

❶ 将熟鸭胸肉从中间切开（肉的一边要相连），湿香菇切粒待用。

❷ 将瘦肉和虾肉分别剁成茸，加入盐和蛋清一只，后挞至起胶，加入菇粒、味精、胡椒粉拌匀后酿入鸭胸肉中，将鸭胸肉蘸上蛋清，下油锅炸至金黄色捞起，改块装盘，伴边后淋上胡椒油即成，上菜时跟酱二碟。

玻璃酥鸭

特点

外酥，肉嫩，味香。

原料：

鸭肉八两，面粉一两五钱，鸡蛋清二只，火腿末二钱，桂皮、八角、川椒、丁香、五香粉、姜、葱、酒、味精、酱油、盐、麻油、胡椒粉各少许。

制法：

将鸭肉洗净，放花刀后放在盘中，加入桂皮、八角、川椒、丁香、姜、葱、酒、酱油和盐腌10分钟，放入蒸笼蒸熟取出晾凉，葱一条切成葱花待用。

将面粉和五香粉拌匀，加入蛋液和水调成蛋浆，淋在鸭肉上面，用手抹平待用。

将鸭肉放进七成热的油锅炸至金黄色捞起，切成一寸见方的块待用。

将上汤烧沸，加入味精、盐、胡椒粉、麻油后勾芡成琉璃糊，倒在盘中，砌上鸭肉，撒上葱花、火腿末即成。

八宝糯米鸭

原料：

光鸭一只二斤，糯米四两，猪肉一两，湿香菇八钱，莲只一两，虾米五钱，火腿四钱，方鱼四钱，味精、盐、胡椒粉、麻油各少许。

制法：

◎ 先将光鸭洗净拆荷包，猪肉、湿香菇切丁，虾米、火腿切末待用。

◎ 糯米浸水捞干放进蒸笼蒸熟，将湿菇丁、肉丁、莲子、虾米、火腿炒后和糯米饭一起炒干，加入味精、盐、胡椒粉、麻油炒匀，放进鸭腹内，用竹签缝密，放入蒸笼约蒸1小时取出压平待用。

◎ 将糯米鸭下油锅炸至金黄色捞起，用斜刀切成块状，放在盘里，摆上头尾呈原形，淋上胡椒油即成。上席时跟上甜酱二碟。

特点

外酥，肉嫩，味香。

酸甜琉璃鸭

特点

酸甜甘香。

原料:

光鸭六两，雪粉二两，白醋五钱，白糖三两，菠萝肉（番茄、马蹄）二两，葱段、姜片、辣椒片各少许。

制法:

◎ 将菠萝肉切片，光鸭去掉硬骨，斩成雁只块用碗盛起，下少许酱油、雪粉一起拌匀后下热油锅炸至金黄色捞起待用。

◎ 将菠萝片、姜片、辣椒片、葱段放入油锅炒后，加入糖、酱油和醋，勾芡后将鸭肉下锅翻炒几下即成。

炊烟筒鸭

特点

酸甜甘香。

原料：

鸭颈皮四条，瘦肉三两，虾肉一两，蛋清一只，湿香菇丁三钱，火腿末一钱，龙须菜一钱，上汤一斤，盐、胡椒粉、味精、麻油各少许。

制法：

将瘦肉和虾肉分别剁成茸，加入盐和蛋清一只，后挞至起胶，加入菇粒、火腿末、盐、味精、胡椒粉拌匀成馅待用。

将肉馅灌进鸭颈皮里，龙须菜洗净放在鸭颈中间，用咸草扎紧装盘后放进蒸笼蒸30分钟，取出滗出原汤，切成一寸段摆在盘待用。

将原汤烧沸，加入味精、盐、胡椒粉、麻油，勾芡，加包尾油淋在鸭筒卷上即成（可加上焯熟笋花几片）。

清炖荷包鸭

特点

汤清肉烂鲜美。

原料:

光鸭一只二斤，粗骨四两，肫丁一两，鸡丁一两，肉丁一两，莲子一两，火腿末二钱，葱二条，姜二片，味精、盐、胡椒粉、雪粉各少许。

制法:

- 先将光鸭洗净后拆全鸭（荷包）待用。
- 将肫丁、鸡丁、肉丁、火腿末、莲子放在碗里，加入味精、盐、胡椒粉和雪粉拌匀后填入鸭腹，缝密后焯水，装入炖盅，粗骨焯水后盖在鸭上，放上姜、葱，加入开水和盐，放入蒸笼蒸1小时取出，去掉粗骨、姜、葱，加入味精，撒上胡椒粉即成。

出水芙蓉鸭

特点

造型美观，汤清鲜滑。

原料：

熟白鸭一只两斤，虾胶八两，上汤八两，鸡蛋白五只，火腿末一钱，味精、盐、胡椒粉各少许。

制法：

将鸭拆肉去骨，切成一寸二分长的块（二十块），撒上少许雪粉，酿上虾胶，放进蒸笼蒸五分钟取出待用。

将蛋白用蛋糕棒打成芙蓉，盖在鸭面上，放进蒸笼蒸1分钟，取出盛在汤碗待用。

将上汤烧沸，加入味精、盐、胡椒粉，从碗边淋入，将火腿末撒在芙蓉即成。

清马蹄鸭掌

原料：

鸭脚二十只，虾肉七两，肥肉粒一两，火腿末五钱，芹菜末四钱，蛋清一只，上汤一斤，味精、盐、胡椒粉各少许。

制法：

◎ 将鸭脚去爪洗净，下锅煮熟，晾凉后拆去骨和根头待用（鸭脚煮熟后勿浸冷水）。

◎ 将虾肉打成茸，加入盐和蛋清后用力挞至起胶，加入肥肉粒和味精拌匀成虾胶待用。

◎ 将虾胶酿在鸭掌上，分别放上火腿末和芹菜末，入笼蒸8分钟，取出砌进汤碗待用。

◎ 将上汤烧沸，加入味精、盐后淋入碗中，撒上胡椒粉即成。

特点

汤清味鲜，口感爽滑，造型美观。

柠檬炖鸭

特点

汤清、味美、醒胃。

原料：

光鸭一只一斤五两，粗骨四两，柠檬一粒，姜二片，葱二条，上汤一斤二两，盐、胡椒粉各少许。

制法：

将光鸭和粗骨焯水后洗净漂凉，装入炖盅，粗骨盖面，放上姜、葱，加入盐和上汤，放进蒸笼蒸1小时，取出粗骨和姜、葱，加入柠檬（去核），再入蒸笼蒸10分钟，取出加入味精即成。

潮州卤水鹅

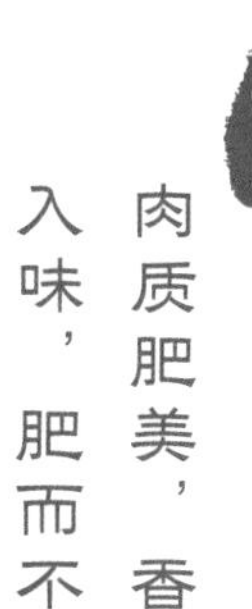

特点

肉质肥美，香滑入味，肥而不腻。

原料：

光鹅一只

卤料：

南姜五两，川椒二钱，八角二钱，香茅一钱，甘草二钱，桂皮二钱，蒜头二两，红椒二粒，白糖二两，酱油一斤，盐二两，花生油一两，清水四斤。

制法：

◎ 将光鹅洗净晾干，腹内塞进南姜片待用。

◎ 将川椒、八角、桂皮、甘草、香茅用纱布袋一块扎紧待用。

◎ 将油、酱油、盐、白糖、清水放入锅里，加入南姜、蒜头、芫荽头、香茅一起煮成卤汤，放入光鹅卤2小时至熟取出晾凉（在卤的过程中要多吊汤，多转身），斩件装盘，伴以芫荽即成。上席时跟蒜泥醋二碟。

干烧肥鹅

特点

色泽紫红，皮脆肉嫩，甘香味浓。

原料：

卤鹅一斤二两，萝卜龙二条（腌酸甜），麻油、胡椒粉、雪粉少许。

制法：

① 将鹅拆肉去骨，骨折件，肉片开后用花刀法放横直花纹，将骨和肉抹上薄粉水待用。

② 将肉和骨分别下油锅炸至金黄色捞起，骨头垫底，肉用斜刀片成薄片后摆在骨头上面，淋上胡椒油后用萝卜龙伴边即成。上席时跟甜酱二碟。

红炆鹅掌

特点

色泽金黄，嫩滑不腻。

原料：

鹅脚十二只，笋花十二片，湿香菇一两，味精、酱油、麻油、胡椒粉、雪粉各少许。

制法：

① 将鹅脚去爪洗净，下锅煮熟，晾凉后拆去骨（煮熟后勿浸冷水），每只切成三块，再将鹅脚抹上酱油和薄粉水待用。

② 将鹅脚下温油锅溜炸2分钟捞起，香菇下锅炒香，投入鹅掌和笋花，加入上汤、酱油用文火炆十五分钟，下味精、麻油、胡椒粉后勾芡装盘即成。

红炆鹅脚

原料：

鹅脚八只，湿香菇五钱，笋尖角一两，肚肉一斤，味精、酱油、麻油、胡椒粉、雪粉各少许。

制法：

① 将鹅脚洗净，每只斩成四块，用酱油和薄粉水拌匀后下油锅炸至金黄色捞起，笋尖也捞起过油捞起待用。

② 将香菇下锅炒香，投入鹅脚、笋尖，加入上汤、酱油，用旺火炆10分钟后转慢火炆1小时，下味精、麻油、胡椒粉后勾芡装盘即成。

特点

嫩滑甘香。

CHAPTER 4

第四章 畜肉类

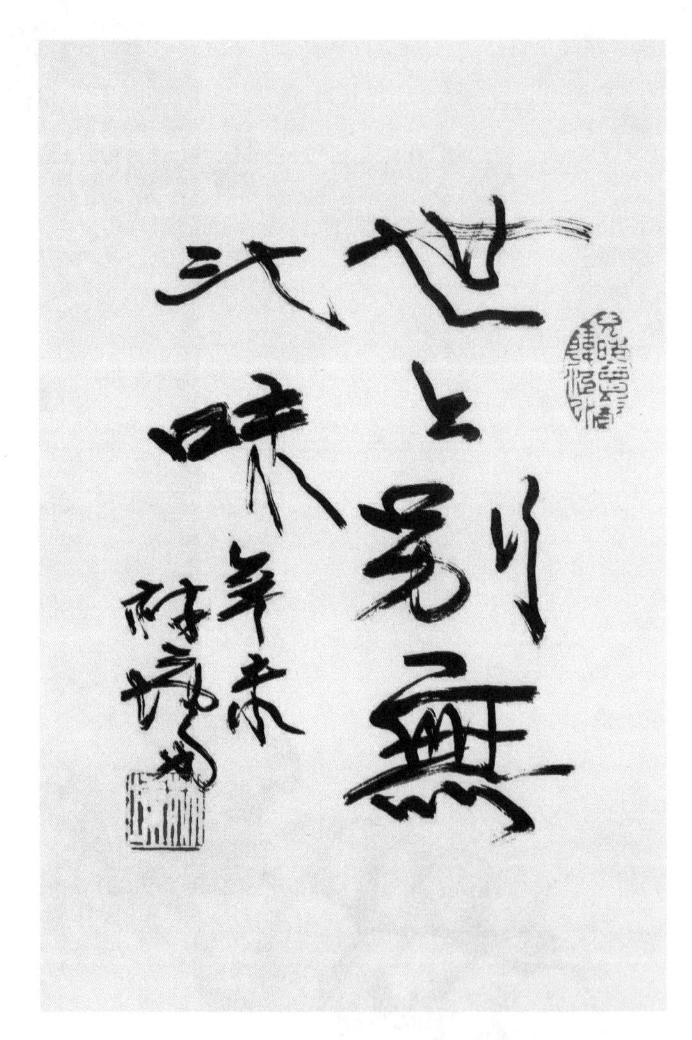

■ 中国美术家协会副主席、广东省文联副主席林墉题字

炆角玉肉

特点

造型美观，味道香。

原料：

赤肉八两，面粉二两，鸡蛋二只，香菇三钱，笋花几片，红辣椒一条，熟鸡蛋一只，姜、葱、酒、盐、味精、麻油、胡椒粉、雪粉各少许。

制法：

① 将赤肉片开，用花刀放横直花纹，用姜、葱、酒、盐腌10分钟，去掉姜、葱，摊在盘里，蘸上蛋液，撒上干面粉，下油炸至金黄色捞起，熟鸡蛋去壳切半，雕成蛋花待用。

② 将菇片、笋花、辣片过油后和肉一起放在锅里，加上汤、盐炆五分钟后将肉取出，切成一寸长的块状，放在盘里，再将菇片、笋花、椒片间隔摆在肉上面，两边各放一个蛋花，用原汤加味精、麻油、胡椒粉勾芡后淋上即成。

东坡肉

特点

香滑入味，肥而不腻。

原料：

五花肉一斤五两，虾米一两，香菇五钱，姜二片，葱二条，味精、酱油、麻油、胡椒粉各少许。

制法：

将五花肉刮洗干净，下汤锅煮熟捞起，用刀修圆后用铜针扎孔，抹上酱油后下油锅炸至金黄色捞起，盛在碗里，加入香菇、虾米、酱油、姜、葱后放入蒸笼蒸2小时取出，去掉姜葱待用。

将肉扣在盘中（生菜垫底），虾米、香菇拼在盘边，用原汤加上味精、盐、麻油、胡椒粉后勾芡淋上即成。

注：上席时应上工夫茶。

群腿肉

原料：

五花肉一斤五两，虾米一两，香菇五钱，姜二片，葱二条，味精、盐、麻油、胡椒粉、雪粉各少许。

制法：

将五花肉刮洗干净，下汤锅煮熟捞起，用刀修圆后用铜针扎孔，再加入虾米、香菇、姜、葱后放进盘里，入蒸笼蒸2小时至软烂取出，去掉姜葱待用。

将生菜垫盘底后把肉扣上，拼上虾米、香菇，将原汤烧沸，加上味精、盐、麻油、胡椒粉后勾芡淋上即成。

肉质软烂，香滑入味。

南乳扣肉

原料：

肚肉一斤四两，芋头五两，南乳一块，白糖三钱，二汤、姜、葱、酒、盐、酱油、南乳汁、雪粉各少许。

制法：

◎ 将肚肉切成一寸半长、三分厚长方形块，用酱油和雪粉水拌匀后下油锅中炸至金黄色捞起，将芋头去皮，切成一寸半长、五分厚的长方块，下油锅炸至金黄色捞起待用。

◎ 将南乳汁过滤，南乳研泥后加入姜、葱、酒、炸好的肚肉一起拌匀，下锅加二汤炆15分钟待用。

◎ 将炆过的肉和芋间隔排入碗中，淋入原汤，放进蒸笼蒸15分钟，取出扣在盘中，用原汤勾芡淋上即成。

特点

肉烂香滑，南乳香突出。

红炆猪手

特点

肉烂香滑，肥而不腻。

原料：

猪前脚一只约一斤五两，雪粉六钱，生菜二两，蒜头二粒，八角、甘草、味精、酱油、白糖各少许。

制法：

将猪脚刮洗干净，用刀剁开，横砍几下，使其骨断皮连，抹上酱油和雪粉水，下油锅中炸至金黄色捞起，放入锅中，加入甘草、八角、蒜头、酱油、白糖和清水，用旺火炆50分钟后，改文火再炆40分钟至肉滑皮烂待用。

将生菜垫在盘底，放上猪手，用原汤勾芡后淋上即成。

桂花大肠

原料：

大肠头一斤，赤肉粒四两，熟莲子一两，虾米末五钱，湿菇粒六钱，蛋白一只，味精、盐、麻油、胡椒粉各少许。

制法：

① 将大肠去掉杂油后洗干净，赤肉粒、莲子粒、香菇粒、虾米末、蛋白、味精、盐、胡椒粉拌匀成馅待用。

② 将大肠一头扎紧，灌入馅料，用咸草扎紧，将大肠抹上酱油后下油锅炸过捞起，放入蒸笼蒸至烂取出待用。

③ 将大肠抹上粉水后下油锅炸至肠皮酥脆呈金黄色捞起，改刀后放在盘中，淋上胡椒油，拼上萝卜龙或吊瓜龙即成。上菜时跟甜酱二碟。

特点

色泽酱红，油润酥香。

炸芙蓉肉

原料：

赤肉五两，面粉三两，鸡蛋一只，泡打粉一钱，萝卜龙二条，五香粉、姜、葱、酒、盐各少许。

制法：

- 将赤肉片成二指大片，用姜、葱、酒、盐、五香粉腌过待用。
- 将面粉和泡打粉拌匀后盛碗里，加入鸡蛋和清水搅成蛋浆待用。
- 腌好的猪肉逐片沾上蛋浆，下油锅炸至金黄色（要酥脆）捞起盛在盘中，拼上萝卜龙（或王瓜龙）即成。上菜时跟甜酱二碟。

特点

酥香味美。

炸高丽肉

特点

甘、香、甜，酥脆，肥而不腻。

原料：

肥肉五两，糖冬瓜一两，白糖一斤，橘饼八钱，老香黄六钱，去衣花生五钱，芝麻五钱，白糖粉、面粉、发酵粉、花生油、雪粉各少许。

制法：

● 将肥肉切成二十四片（夹刀片），用白糖腌24小时，焯熟成冰肉，将糖冬瓜、橘饼、老香黄分别切成二十四片，每片冰肉分别夹上糖冬瓜、橘饼、老香黄各一片，压实待用。

● 将花生、芝麻分别炒熟，研末后和白糖粉拌匀成花生芝麻糖待用。

● 将面粉、发酵粉、花生油和清水拌匀成脆皮浆，将冰肉上浆后下六成热油锅炸至金黄色捞起装盘待用。

● 将二两白糖和少许清水煮开溶化，撇去浮沫，勾芡后淋在冰肉上，撒上花生芝麻糖即成。

酸甜排骨

特点

肉质酥香，酸甜可口。

原料：

排骨六两，雪粉一两，白糖一两，白醋五钱，马蹄一两，葱段几段，辣椒片几片，酱油少许。

制法：

将排骨斩成八分段，用少许酱油和清水、雪粉拌匀待用。

将拌好排骨逐件放下油锅炸至酥脆捞起待用。

再将姜米、辣椒片、马蹄片、葱段下锅炒后加入糖醋和酱油，勾芡后再下排骨翻炒几下装盘即成。

干炸铁打肉

特点

肉质酥脆，味道香馥。

原料：

前腿肉八两，蛋一只，面粉一两，面包糠一两，萝卜龙二条，姜、葱、酒、川椒末、盐各少许。

制法：

◉ 将前腿肉片成二分厚片，用刀拍打后用姜、葱、酒、川椒、盐腌过，拍上面粉，蘸上蛋液，再撒上面包糠待用。

◉ 将肉片下油锅炸至金黄色捞起，切件装盘，拼上萝卜龙即成。上席时跟甜酱二碟。

干炸果肉

原料：

前胸肉八两，鸭蛋一只，网油四两，生葱四两，马蹄肉四两，糖冬瓜五钱，芝麻三钱，五香粉三钱，白盐三钱，白糖三钱，雪粉二两，料酒适量。

制法：

先将胸肉、马蹄肉、生葱、糖冬瓜分别切成细丝，加入鸭蛋、糖、盐、芝麻、五香粉、雪粉和料酒一起拌成馅料待用。

将网油摊开撒上雪粉，放上馅料后卷成长圆条形状，再切成一寸长的段，两头蘸上雪粉后下七成热的油锅炸至金黄色，捞起装盘即成。上席时跟桔油二碟或梅羔二碟。

特点

外脆内松，香味浓郁。

特点

色泽金黄，外酥内嫩，形似佛手。

炸佛手排骨

原料：

排骨八两，赤肉六两，虾肉一两，鸭蛋二个，肥肉五钱，湿香菇五钱，生葱二两，马蹄一两，面粉一两，盐、味精、川椒末各少许。

制法：

- 将排骨脱肉后剁成一寸半长，将排骨肉、赤肉、虾肉、肥肉、香菇、生葱、马蹄分别切细粒，加入盐、味精、川椒末拌匀后酿在排骨上成佛手状，撒上干面粉待用。
- 将球佛手排骨分别蘸上鸭蛋液，放入温油锅中炸至金黄色捞起即成。上席时跟桔油二碟。

注：加入香菇、笋花炆，叫炆佛手排骨。加上酸甜酱叫酸甜佛手排骨。

油泡双脆

原料：

肚尖六两，猪腰六两，蒜米半两，肥肉粒二钱，湿菇粒二钱，方鱼末一钱，姜米、味精、鱼露、麻油、胡椒粉、粉水各少许。

制法：

将肚尖和猪腰分别放花刀后用清水泡1小时，每10分钟要换水一次。

将肚尖和腰花捞起盛在碗里加入鱼露、粉水拌匀待用。

将味精、鱼露、麻油、胡椒粉、粉水兑成碗芡待用。

将肚尖和腰花用温油溜炸后捞起，将蒜米下锅炒至金黄色，加入湿菇粒、肥肉粒、方鱼末炒香，投入腰肚后下碗芡翻炒几下即成。

特点

软嫩爽脆，蒜香浓郁。

腰花泡肚

特点

汤清新，肉软嫩、爽脆，味鲜。

原料：

肚尖二两，腰花三两，咸菜心片二两，湿香菇五钱，笋花几片，上汤一斤，芹菜段、味精、盐、胡椒粉少许。

制法：

● 将肚尖和猪腰分别放花刀后泡水约1小时，每10分钟要换清水一次，捞起沥干水分待用。

● 将肚尖和猪腰分别下锅焯至九成熟捞起放在汤窝里，香菇、咸菜、笋花、芹菜段一起焯过水捞起放在腰肚上面待用。

● 上菜时，将上汤煮沸，加入盐后快速冲入汤窝，撒上胡椒粉即成。

清汤书卷肉

原料：

脊肉六两，湿香菇五钱，鲜淮山三两，芹菜二钱，火腿二钱，上汤一斤，味精、盐、胡椒粉少许。

制法：

❶ 将肉片成八分薄片，香菇、芹菜、火腿分别切丝，芹菜切段，鲜淮山切薄片待用。

❷ 取淮山一片，放上一片肉片，再放上香菇丝、芹菜丝、火腿丝各一条，再将它卷成书卷后放在盘里待用。

❸ 将书卷肉入蒸笼蒸8分钟取出，放进碗里，将上汤煮沸，加入味精、盐后淋入碗里，撒上胡椒粉即成。

特点

汤新，肉嫩，味鲜，形如书卷。

清酿肚盒

特点

爽脆鲜嫩、汤清味鲜。

原料:

熟猪肚一斤，赤肉三两，虾肉二两，鸡蛋一只，香菇三钱，笋花几片，上汤一斤，味精、盐、胡椒粉各少许。

制法:

❶ 将熟猪肚切成廿块后，再片开成双夹片待用。

❷ 将肉和虾剁成茸后加入盐、味精、蛋清，挞至起胶后酿入肚片待用。

❸ 将酿好的猪肚放在汤窝中，放上香菇、笋花，加入盐和上汤，入蒸笼蒸10分钟取出，加入味精，撒上胡椒粉即成。

猪脚八味

特点

口感各异、汤清味鲜。

原料:

猪脚五两，猪肚、脑、心、肺、腰只、粉肠、猪髓各一两，冬菇二钱，虾米二钱，咸菜心片二两，上汤一斤二两，味精、胡椒粉各少许。

制法:

① 先将猪脚炖烂，将猪肚、脑、心、肺、腰只、粉肠、猪髓洗净后分别焯熟，咸菜心片成薄片待用。

② 将虾米、咸菜心垫在汤窝底，中间放上猪脚，猪肚、脑、心、肺、腰只、粉肠、猪髓切块分别放在四周，放上冬菇后加入上汤，放进蒸笼里蒸10分钟取出，加入味精、胡椒粉即成。

猪肉丸

特点

状如小球，味鲜爽口。

原料：

猪腿肉八两，净茼蒿一两，味精、盐、鱼露、麻油、胡椒粉、雪粉各少许。

制法：

❶ 将猪腿肉用刀切成大片，去掉筋头，用丸槌槌打成肉酱，加入盐后继续槌打，然后放进木盆中，用力挞至起胶，加入味精和少许雪粉水拌匀后挤成丸子，浸在水温70° C的锅中，用慢火煮7、8分钟至熟捞起待用。

❷ 将肉丸和原汤下锅烧沸，加入味精、鱼露，淋入装了茼蒿的汤碗，撒上胡椒粉，滴入麻油即成。

潮州肉冻

特点

晶莹透彻，入口即化，肥而不腻。

原料：

五花肉一斤，猪前脚一只约一斤五两，猪皮五两，味精七分，鱼露三两，甜豉油一钱二分，冰糖二钱五分，明矾二分，清水三斤，芫荽适量。

制法：

◎ 将五花肉、猪脚和猪皮刮洗干净，分别切成块，焯水后捞起，用清水洗净漂凉待用。

◎ 锅底垫竹篾一块，下水三斤烧沸，加入猪脚、猪皮煮二十分钟，投入五花肉，下冰糖、鱼露和甜豉油，用文火熬二小时半至肉料软烂捞起，放入砂锅。将原汤熬至约一斤五两后撇去浮沫，将汤用洁净纱布过滤后，倒在砂锅中和肉料一起烧至微沸，加入味精后将砂锅端离炉口，撇去浮沫，放于通风处，自然冷却凝结后，取出切块装盘，用芫荽伴边即成，上席时跟上鱼露二碟。

西湖牛肉丸

特点

酸甜爽口。

原料：

去筋牛肉六两，肥肉五钱，马蹄二两，芹菜五钱，香菇三钱，蛋清一只，雪粉一两，辣椒片、川椒末、姜米、味精、盐、酱油少许。

制法：

将肥肉、香菇、芹菜和马蹄半两分别切成细粒，其余马蹄切片待用。

将牛肉剁成茸，加入盐、蛋清后用力挞至起胶，下马蹄粒、香菇粒、芹菜粒、肥肉粒、川椒末、味精后拌匀，搓成约二十粒的丸，撒上雪粉，下油锅炸至金黄色捞起待用。

将马蹄片、辣椒片、姜米下锅略炒，下糖、醋、酱油后勾芡，投入牛肉丸翻炒几下装盘即成。

干炸牛肉丸

特点

色泽金黄，
外酥内爽。

原料：

去筋牛肉六两，肥肉五钱，马蹄五钱，芹菜五钱，香菇三钱，蛋清一只，雪粉一两，辣椒片、川椒末、姜米、味精、盐、酱油各少许。

制法：

将肥肉、香菇、芹菜和马蹄分别切成细粒待用。

将牛肉剁成茸，加入盐、蛋清后用力挞至起胶，下马蹄粒、香菇粒、芹菜粒、肥肉粒、川椒末、味精后拌匀，搓成约二十粒的丸，撒上雪粉，下油锅炸至金黄色捞起。上席时跟甜酱二碟。

红炆牛腩

特点

甘香润滑、味道浓郁。

原料：

牛腩一斤五两，南姜、姜、葱、八角、桂皮、味精、酱油、雪粉各少许。

制法：

将牛腩洗净焯水后漂凉，切成一寸块状待用。

将牛腩下锅炒后加入南姜、姜、葱、八角、桂皮和酱油，用旺火烧沸后改慢火炆至软烂，去掉南姜、姜、葱、八角、桂皮，加入味精后勾芡装盘即成。

注：加入咖喱和土豆炆，叫咖喱炆牛腩。加入洋葱炆，叫洋葱炆牛腩。

清炖牛腩

原料：

牛腩一斤五两，南姜、葱、味精、盐、胡椒粉各少许。

制法：

将牛腩洗净焯水后漂凉，切成一寸块状待用。

将牛腩放入锅里，加入南姜、葱、盐和清水，先旺火后慢火煲至软烂，去掉南姜、葱后加入味精，撒上胡椒粉即成。

特点

汤清味美，肉烂滑。

生炒羊丝

原料：

瘦羊肉一斤，南姜末五钱，芹菜五钱，湿香菇五钱，白醋五钱，蒜头米五钱，味精、酱油、麻油、胡椒粉、雪粉各少许。

制法：

❶ 将羊肉切成细丝，摸过酱油、粉水，湿香菇切丝，芹菜切段待用。

❷ 将味精、酱油、麻油、胡椒粉、雪粉水对成碗芡待用。

❸ 将羊肉丝下温油锅溜过捞起，将湿香菇丝下锅炒香，加入羊肉丝、芹菜段后下碗芡翻炒几下，下南姜末、白醋炒匀装盘即成。

特点

肉嫩味美。

羔烧肥羊

特点

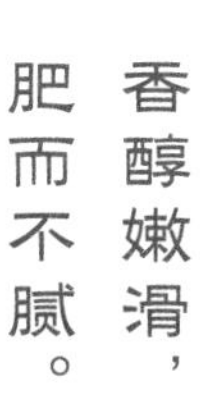

香醇嫩滑，肥而不腻。

原料：

羊腩一斤五两，川椒末一钱，姜二片，葱二条，肥肉粒五钱，酸甜芒光丝二两，味精、酱油、麻油、胡椒粉、雪粉各少许。

制法：

① 将羊腩洗净，抹上酱油和雪粉后下油锅炸至金黄色捞起，下锅加姜、葱和酱油炆1小时至软烂取出，切成一寸二分长块待用。

② 将羊肉块拍上薄粉后下油锅炸至金黄色捞起待用。

③ 将川椒、肥肉粒下锅炒香，投入羊肉翻炒几下装盘，伴以酸甜芒光丝即成。上席时跟上甜酱二碟。

注：也可以将川椒、肥肉粒下锅炒香，加入原汤，勾芡后淋在羊肉上。

红炆羊肉

特点

甘香、嫩滑、浓郁。

原料：

带骨羊肉一斤八两，南姜片五钱，蒜头二钱，上汤、味精、酱油、胡椒粉、麻油、雪粉各少许。

制法：

❶ 将羊肉洗净，斩成雁只块，抹上酱油和雪粉后下油锅炸至金黄色捞起，蒜头下油锅炸赤捞起待用。

❷ 锅里放入南姜、蒜头和羊肉，加入上汤和酱油，先用旺火后用慢火炆至软烂，去掉南姜、蒜头，加入味精、胡椒粉、麻油后勾芡装盘即成。

注：加北葱叫北葱炆羊。加冬菇叫冬菇炆羊。

清炖羊肉

特点

汤清味美，肉嫩滑。

原料：

带骨羊肉一斤五两，排骨四两，川椒八粒，南姜片五钱，葱二条，上汤一斤二两，味精、盐、胡椒粉少许。

制法：

将羊肉洗净斩件，焯水后洗净放入炖盅，排骨焯水洗净，盖在羊肉上，放入川椒、南姜、葱和盐，加入上汤，放进蒸笼蒸2小时取出，去掉排骨、川椒、姜、葱，加入盐、味精，撒上胡椒粉即成。上席时跟南姜醋二碟。

注：加入柠檬，叫柠檬炖羊。加入淮山、枸杞叫淮杞炖羊。加入冬菇，叫冬菇炖羊。

CHAPTER 5

第五章 河鲜类

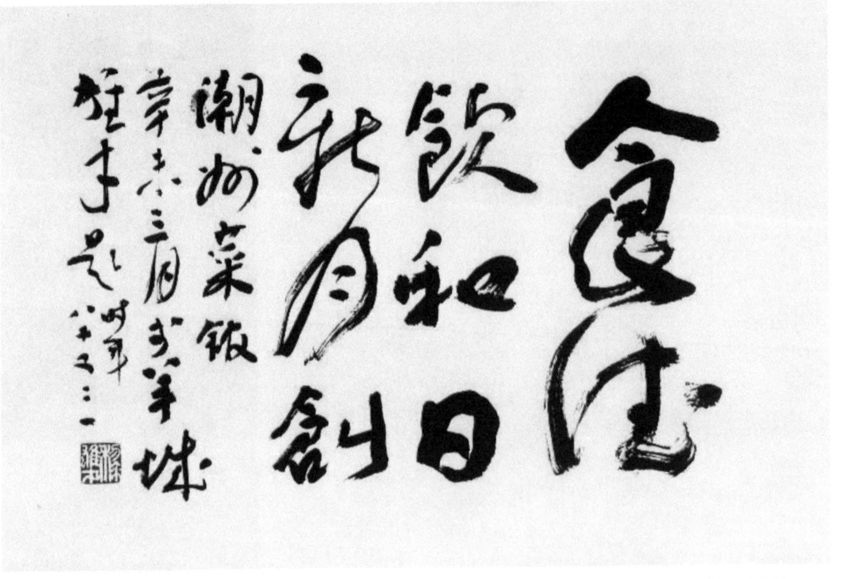

■ 著名画家黎雄才题字

生炒鱼球

原料：

草鱼肉六两，笋花三两，湿香菇片三钱，葱段五钱，红椒几片，姜片、味精、盐、麻油、胡椒粉、粉水各少许。

制法：

将鱼肉放花刀后切成一寸五分的长段，再用斜刀切成二分厚片，用盐、粉水腌过，下温油锅溜过捞起待用。

将盐、味精、麻油、胡椒粉、粉水各少许对成碗芡待用。

将香菇片倒入锅里炒香，加入姜片、笋花、红椒片、葱段，倒入鱼球，下碗芡后翻炒几下即成。

特点

肉嫩滑，味鲜美。

炸芙蓉鱼

特点

色泽金黄，外酥内嫩。

原料：

鱼肉五两，面粉三两，鸡蛋一只，泡打粉一钱，萝卜龙二条，五香粉、姜、葱、酒、盐各少许。

制法：

将鱼肉片成二指大片，用姜、葱、酒、盐、五香粉腌过待用。

将面粉和泡打粉盛碗里拌匀，加入鸡蛋和清水拌匀成蛋浆待用。

将腌好的鱼片逐片蘸上蛋浆，下油锅炸至金黄色捞起，装盘拼上萝卜龙（或吊瓜龙）即成。上席时跟甜酱二碟。

生炒鱼片

特点

肉质洁白，鲜嫩美味。

原料：

鱼肉六两，笋片二两，湿香菇五钱，葱段五钱，红椒几片，味精、盐、麻油、胡椒粉、雪粉各少许。

制法：

◎ 将鱼肉洗净晾干切片，用少许盐和粉水拌匀待用。

◎ 将味精、盐、麻油、胡椒粉、粉水兑成碗芡待用。

◎ 将鱼片放进锅里用温油溜过捞起，再将笋片、菇片、葱段、红椒片下锅里炒后倒入鱼片，下碗芡翻炒几下即成。

炊麒麟鱼

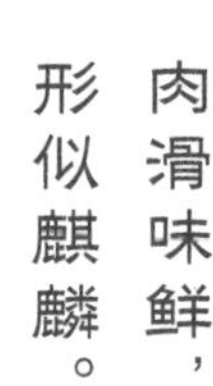

特点

肉滑味鲜，形似麒麟。

原料：

草鱼一条约一斤五两，肉（肥瘦相间）三两，湿香菇半两，方鱼末三钱，熟笋一两，芹菜茎三钱，蛋清二只，龙须菜一钱，菜胆十个，姜、葱、酒、盐、味精、麻油、胡椒粉、粉水各少许。

制法：

将鱼去鳞后去鳃，开腹去内脏洗净，起肉留头尾、鳍，将鱼肉切成片，加入姜、葱、酒、盐、蛋清腌过待用。

将猪肉剁成茸，湿香菇、熟笋切细粒，芹菜茎切成珠待用。

将猪肉茸加入湿香菇、熟笋、芹菜茎拌匀，再加入盐、味精、胡椒粉和蛋清拌匀成馅料待用。

将鱼的头尾、鳍摆在盘中成鱼状，把腌好的鱼片逐片酿上肉馅卷成卷状，放在鱼鳍的两边成麒麟的鳞片，在头部和鱼身中用龙须菜装饰成毛后入蒸笼用旺火蒸10分钟取出，两边放上焯熟的菜胆，将原汤烧沸，加入盐、味精、胡椒粉后勾芡，加麻油淋上即成。

五彩焗鱼

原料：

鲜鱼肉八两，虾肉二两，湿香菇丝三钱，番茄丝一两，肥肉丝五钱，洋葱丝五钱，莲子米二钱，网油四两，红椒丝、味精、盐、胡椒粉各少许。

制法：

◎ 将鱼肉片成两大片，再将鱼片中间片开（鱼片一边要相连勿断）待用。

◎ 将虾肉用刀剁成茸，加入香菇丝、番茄丝、肥肉丝、洋葱丝、红椒丝、莲只米、盐、味精、胡椒粉拌匀成五彩馅待用。

◎ 将五彩馅酿入鱼片中，包上网油拍上薄粉放进焗炉焗熟取出，改件装盘即成。上席时跟上喼汁二碟。

特点

香酥嫩滑，色泽多彩。

玻璃酥鱼

特点

外酥，肉嫩，味香。

原料：

鱼肉六两，韭黄粒三钱，肥肉粒三钱，马蹄粒三钱，面粉一两五钱，鸡蛋清二只，火腿末一钱，上汤、姜、葱、酒、味精、盐、麻油、胡椒粉、粉水各少许。

制法：

❶ 将鱼肉片薄，用姜、葱、酒、盐腌过，摊在盘中待用。

❷ 将韭黄粒、肥肉粒、马蹄粒、火腿末、面粉、蛋清、味精、盐、胡椒粉拌匀后，酿在鱼肉上面，用手压平（厚要均匀）待用。

❸ 将鱼肉放进油锅里炸至金黄色捞起，切成一寸块状待用。

❹ 将上汤烧沸，加入盐、味精、胡椒粉后勾芡，加麻油淋在盘底，再将鱼肉放在玻璃糊上即成。

煎铁圈鱼

特点

焦香美味，造型美观。

原料：

草鱼肉八两，五花肉四两，湿香菇五钱，蛋白一只，网油六两，川椒、味精、盐、酱油、胡椒粉、雪粉各少许。

制法：

◎ 将鱼肉切片，猪肉剁成茸，香菇切细粒后加入蛋白、盐、味精、胡椒粉拌匀成馅待用。

◎ 将网油摊开，撒上少许雪粉，放上馅料，卷成直径一寸二分的圆条状，切成一寸段，拍上雪粉，下锅用油煎熟装盘即成，上席时跟上甜酱二碟。

干炸鱼盒

原料：

草鱼肉六两，赤肉三两，蛋清二只，湿香菇五钱，面粉二两，虾米一钱，姜、葱、酒、盐、味精、胡椒粉各少许。

制法：

将草鱼肉洗净晾干，切成夹刀片，用姜、葱、酒、盐腌过待用。

将赤肉剁成茸，香菇切成细粒后加入蛋清、盐、味精、胡椒粉拌匀后酿入鱼片中，撒上面粉待用。

将鱼盒逐件下油锅炸至金黄色捞起，砌进盘里，淋上胡椒油即成，上席时跟上甜酱二碟。

特点

酥香软滑。

注：蘸上蛋液炸叫金丝鱼盒。

炸荷包鱼

特点

色泽金黄，酥香鲜美。

原料：

龙箭鱼一条约一斤，赤肉二两，肥肉五钱，湿香菇五钱，方鱼一钱，蛋清一只，芹菜二钱，上汤、味精、盐、胡椒粉、雪粉各少许。

制法：

◎ 将鱼去鳞去鳃，开腹去内脏，去掉鱼骨，取出鱼肉，留头尾和皮待用。

◎ 将鱼肉和赤肉剁成茸，加入蛋清、方鱼末、盐、味精、胡椒粉拌匀成馅后，酿入鱼腹内，拍上干粉，肥肉、香菇切丝，芹菜切段待用。

◎ 将鱼下油锅炸至金黄色捞起装盘，将肥肉、香菇丝和芹菜段下锅炒，加入上汤和盐、味精、胡椒粉后勾芡淋上即成。

酸甜荷包鱼

特点

色泽金黄，酸甜爽口。

原料：

龙箭鱼一条约一斤，赤肉二两，肥肉粒五钱，蛋清一只，白糖半两，醋八钱，马蹄粒一两，雪粉二两，姜米、红椒、酱油、葱花、味精、盐、胡椒粉各少许。雪粉各少许。

制法：

◎ 将鱼去鳞去鳃，开腹去内脏，去掉鱼骨，取出鱼肉，留头尾和皮待用。

◎ 将鱼肉和赤肉剁成茸，加入蛋清、肥肉粒、盐、味精、胡椒粉拌匀成馅后，酿入鱼腹内，拍上干粉待用。

◎ 将鱼下油锅炸至金黄色捞起装盘，将马蹄粒、姜米、葱花下锅略炒，加入白糖、酱油和醋，勾芡后淋在鱼身上即成。

明炉竹筒鱼

特点

味鲜肉嫩，又具竹香，别有风味。

原料:

鲩鱼一条约一斤，网油六两，湿香菇三钱，白醋六钱，白糖二两，芹菜二条，马蹄二两，红椒一粒，姜、葱、酒、味精、酱油、麻油、雪粉各少许，生竹一段，细铝线半米。

制法:

- 将鱼去鳞开腹去鳃洗净晾干，用姜、葱、酒、酱油腌约1小时，香菇、红椒切丝，芹菜切段，马蹄、红椒切粒待用。

- 将鱼包上网油，放进青竹筒里，用铝线扎紧后放在炭炉上烤至熟取出盛在盘里。

- 将香菇、红椒、芹菜下锅炒后加入酱油、味精，勾芡成咸酱料；将马蹄、红椒下锅炒后下酱油、白糖和醋，勾芡成酸甜料。将咸酱料和酸甜料各装两小碗跟鱼一起上席即成。

清汤鱼盒

特点

汤清肉嫩，味道鲜美。

原料：

鱼肉六两，赤肉三两，湿香菇粒五钱，芹菜末二钱，方鱼末二钱，蛋清一只，上汤一斤，盐、味精、胡椒粉各少许。

制法：

- 将鱼肉洗净晾干，切成夹刀片，用姜、葱、酒、盐腌过待用。
- 将赤肉和虾肉剁成茸，加香菇、芹菜、方鱼、味精、盐、胡椒粉和蛋清拌匀成馅，酿入鱼片砌在盘里，放进蒸笼蒸8分钟，取出放在汤窝中待用。
- 将上汤烧沸，加入适量盐、味精后淋入汤窝，撒上胡椒粉即成。

清鱼片汤

特点

汤清、肉嫩、味鲜。

原料：

鱼片五两，湿香菇片五钱，芹菜段二钱，方鱼末二钱，上汤八两，盐、味精、胡椒粉各少许。

制法：

将上汤放入锅里煮沸，放进鱼片焯熟，下香菇，芹菜，方鱼末，加入盐、味精、胡椒粉即成。

清金钟鱼

特点

汤清味鲜，形似金钟。

原料:

鱼胶八两，赤肉粒三两，香菇粒三钱，芹菜末四钱，方鱼末二钱，青豆二十粒，上汤一斤，盐、味精、胡椒粉将各少许。

制法:

将赤肉粒、香菇粒、方鱼末、芹菜末和盐、味精、胡椒粉拌匀在馅待用。

将茶杯抹上油，将青豆放在杯底，酿入一半鱼胶，放上肉馅，再酿上鱼胶，放进蒸笼约蒸8分钟取出，取出茶杯后扣在汤窝中待用。

将上汤烧沸，加入盐、味精、淋入汤窝，撒上胡椒粉即成。

清竹节鱼

特点

形如竹节，汤清味鲜。

原料：

鱼肉六两，肥肉丝一两，湿香菇丝五钱，方鱼丝三钱，芹菜丝三钱，蛋清一只，上汤一斤，盐、味精、胡椒粉各少许。

制法：

将鱼肉剁成茸，加入盐和蛋清后用力挞至起胶，分成二十块，用刀压成一寸宽二寸长薄片，每片放上肥肉丝、香菇丝、方鱼丝、芹菜丝各一条，卷成竹节形后放在盘里，入笼约蒸8分钟取出待用。

将上汤烧沸，加入盐、味精，放入鱼卷，撒上胡椒粉即成。

生淋草鱼

原料：

活草（鲩）鱼一条约二斤半，猪油一两二钱，味精五分，上汤三两，湿香菇一钱五分，白糖二两，肥肉二两，生粉水一两五钱，芹菜茎二条，荸荠三两，白醋一两三钱，红椒、姜、葱、麻油、酱油各少许。

制法：

将活草鱼去鳞、鳃，开腹去内脏洗净（注意去清腹内黑衣、鱼血），擦干水分，用刀在鱼背两面用直刀割开（使热气易于渗入）待用。

取干净木桶一个，桶里放竹筷二条后垫上薄竹篾，将鱼放在竹篾上待用。

将香菇、芹菜茎、肥肉、姜、红椒切成小粒，下锅炒后加入上汤、酱油、味精、胡椒粉、麻油后勾薄芡成为咸酱料装在酱碟中；又将荸荠、肥肉、香椒、姜、葱切成小粒，下锅炒后加白糖、酱油、白醋后勾薄芡成为酸甜酱料装在酱碟中待用。

将清水烧沸后从盛鱼的木桶边缘淋入（沸水以浸过鱼身的二寸为宜），迅速加盖密封，25分钟后取出装盘，淋上猪油，上席时跟上咸酱料和酸甜酱料各二碟。

注：作为佐料，吃鱼时蘸以咸酱料或酸甜酱料各具风味。

操作关键：

◉ 淋鱼用木桶最为适宜，因其散热慢，热度持久；淋鱼之前，木桶要先用沸水淋过。

◉ 在淋鱼过程，不要将沸水直冲鱼身，以免鱼皮破裂，影响质量和外观，应将沸水从桶边缓慢淋入为宜。

特点

此菜用鲜活草鱼淋制，保留草鱼原味，并佐以咸酱料或酸甜酱料，肉质嫩滑，味道鲜美，别有风味。以秋末和冬季最为适宜。

红炆乌耳鳗

原料:

乌耳鳗一斤，香菇片三钱，去皮肚肉片二两，蒜头一两，红椒片二钱，姜片一钱，上汤、味精、酱油、麻油、胡椒粉、雪粉各少许。

制法:

将乌耳鳗宰后去内脏和鳃洗净，用开水烫后刮去粘液，切成一寸段，用酱油和雪粉拌匀，过油后捞起待用。

将蒜头炸至金黄色捞起，将肚肉片、菇片、姜片、红椒片下锅里炒香，投入鳗段，下上汤和酱油、胡椒粉炆10分钟，加入味精、麻油后勾芡装盘即成。

特点

香浓嫩滑。

炆金钱乌耳鳗

特点

香浓嫩滑，形似金钱。

原料：

净乌耳鳗一斤，赤肉二两，香菇粒三钱，蛋白一只，味精、盐、麻油、胡椒粉、雪粉各少许。

制法：

◎ 将乌耳鳗切成六分块状，下油锅炸过捞起，下锅加上汤、盐炆15分钟取出，晾凉后取去骨头待用。

◎ 将肉剁成茸，加入香菇粒、蛋白、盐和味精拌匀成馅，酿入乌耳鳗中，拍上薄粉后下油锅炸至金黄色捞起，砌进碗里，入蒸笼蒸10分钟，取出扣在盘中，将原汤烧沸，加入盐、味精、胡椒粉，勾芡后加麻油淋上即成。

清炖乌耳鳗

原料：

乌耳鳗八两，排骨三两，咸菜一两，香菇一钱，咸菜叶一大叶，姜一片，葱一条，上汤一斤二两，盐、味精、胡椒粉各少许。

制法：

将乌耳鳗宰后去内脏和鳃洗净，用开水烫后刮去粘液，用刀切段，每段一寸（整条相连，不要切断），排骨斩成一寸块状，将咸菜切成一寸条状待用。

将乌耳鳗、排骨、咸菜下锅焯水后，用冷水洗净，先将排骨、咸菜、香菇，放进炖盅底，加入盐、味精，再将乌耳鳗盘成一盘砌在上面，盖上咸菜叶，放上姜、葱，加入上汤后放进蒸笼蒸40分钟取出，去掉姜、葱、咸菜叶，撒上胡椒粉即成。

特点

汤鲜味美，肉嫩软滑。

龙入虎腹

特点

皮脆肉嫩滑，甘香而不腻。

原料：

乌耳鳗一斤，猪肠八两，姜、葱、酒、酱油、胡椒粉各少许。

制法：

◎ 将乌耳鳗宰后洗净，去骨和头尾，用姜、葱、酒、酱油、胡椒粉腌后灌入猪肠内，两头用咸草扎紧，抹上酱油，下油锅里炸至金黄色捞起，下锅里加上汤和酱油炆20分钟取出待用。

◎ 将猪肠下油锅炸至皮酥脆捞起，改件装盘，淋上胡椒油即成，上菜时跟上甜酱二碟。

注：也称龙入虎肚或猪肠灌乌耳鳗。

生炒鳝鱼

特点

鲜软爽滑。

原料：

鳝鱼肉六两，净通菜四两，湿香菇三钱，蒜头米、姜丝、胡椒粉、麻油、味精、鱼露、粉水各少许。

制法：

将鳝鱼肉用花刀法放横直花纹，再用斜刀改块，抹上鱼露、粉水待用。

将鱼露、味精、麻油、胡椒粉、粉水各少许对成碗芡待用。

将鳝鱼放进锅里用温油溜过捞起，蒜米下锅炒至金黄色，下香菇炒香后加入姜丝、通菜略炒，投入鳝鱼，下碗芡后翻炒几下装盘即成。

炒鳝鱼丝

原料：

鳝鱼肉六两，韭菜花三两，香菇丝三钱，姜丝、胡椒粉、麻油、味精、鱼露、粉水各少许。

制法：

将韭菜花切段，鳝鱼切粗丝，抹上鱼露、粉水待用。

将鱼露、味精、麻油、胡椒粉、粉水各少许对成碗芡待用。

将鳝鱼丝放进锅里用温油溜过捞起，韭菜花、香菇丝、姜丝下锅里略炒，投入鳝鱼丝，下碗芡后翻炒几下装盘即成。

特点

嫩香爽滑。

炒马鞍鳝

特点

肉质爽滑，酸甜适口。

原料：

鳝鱼六两，马蹄片二两，姜片、葱段、红椒片、醋三钱，白糖二两，酱油、雪粉各少许。

制法：

❶ 将鳝鱼肉洗净，用花刀放横直花纹，用酱油、雪粉少许腌过待用。

❷ 将鳝鱼肉放进油锅炸至金黄色捞起，再将马蹄片、姜片、红椒片下锅略炒，加入酱油、白糖、醋，勾芡后将鳝鱼投入，翻炒几下装盘即成。

油泡鳝鱼

特点

肉嫩味香浓。

原料：

鳝鱼肉一斤，蒜头米一两，肥肉粒二钱，香菇粒四钱，真珠花菜一两，姜米、红椒末、胡椒粉、麻油、味精、鱼露、粉水各少许。

制法：

将鳝鱼肉用花刀法放横直花纹，再用斜刀改块，抹上鱼露、粉水待用。

将鱼露、味精、麻油、胡椒粉、粉水各少许对成碗芡待用。

将鳝鱼放进温油锅里溜过捞起，将蒜米下锅，炒至金黄色，加入肥肉粒、香菇粒、姜米、红椒末炒匀，投入鳝鱼，下碗芡后翻炒几下装盘，用炸过的珍珠花菜叶围边即成。

红炆鳝鱼

特点

肉质爽滑，酸甜适口。

原料：

鳝鱼肉八两，肥肉二两，湿香菇五钱，蒜头粒三钱，红椒片几片，姜片几片，味精、酱油、胡椒粉、麻油、粉水各少许。

制法：

❶ 将鳝鱼肉洗净，用花刀法放横直花纹，加入少许酱油、雪粉腌过，肥肉切丁，香菇切片待用。

❷ 将鳝鱼肉和蒜头分别放进温油锅溜过捞起，香菇下锅炒香，加入鳝鱼肉、肥肉丁和蒜头、红椒片、姜片，下上汤、酱油、胡椒粉炆10分钟，加入味精、麻油后勾芡装盘即成。

炆酿鳝鱼

原料：

鳝鱼肉八两，赤肉二两，虾肉二两，香菇粒三钱，芹菜珠二钱，面粉一两，蛋二只，上汤、味精、盐、酱油、胡椒粉、麻油、雪粉各少许。

制法：

将鳝鱼肉洗净，用花刀放横直花纹，摸过酱油、雪粉，下油锅溜过捞起，下锅加上汤、盐、胡椒粉炆10分钟，取出晾凉，切成二十四片待用。

将赤肉和虾肉剁成茸后掺入香菇粒、芹菜珠、味精、盐、胡椒粉、雪粉拌匀成馅，分成二十粒待用。

取鳝片一片，酿上肉馅，另取一片鳝片酿上，压紧后粘上面粉，蘸上蛋液，放进油锅炸至金黄色，捞起下锅，加入上汤、酱油、胡椒粉、麻油炆10分钟，下味精后勾芡装盘即成。

特点

鲜香烂滑，香味浓郁。

注：也叫炆马鞍鳝。

清金钱鳝

特点

造型美观，味鲜美。

原料：

鳝鱼一斤，赤肉五两，虾米末三钱，香菇丁三钱，芹菜末二钱，上汤一斤，味精、盐、胡椒粉、雪粉各少许。

制法：

将鳝鱼开腹去内脏及头尾，拆出腰骨，洗净用花刀放横直花纹待用。

将肉剁成茸，加入虾米末、香菇丁、芹菜末、味精、盐、胡椒粉和雪粉少许拌匀成馅待用。

将鳝鱼摊开，撒上薄粉，酿上肉馅，从尾卷起，卷成一寸圆形块，用刀切断，盛在盘里，放进蒸笼蒸20分钟取出，切成五分块状放进汤碗待用。

将上汤烧沸，加入味精、盐后淋入碗里，撒上胡椒粉即成。

清汤鳝球

特点

肉鲜嫩，味清鲜。

原料：

鳝鱼肉五两，赤肉五两，香菇粒三钱，芹菜珠二钱，马蹄粒五钱，蛋清一个，上汤一斤，味精、盐、胡椒粉各少许。

制法：

◎ 将鳝鱼肉洗净，用花刀放横直花纹，切细丝待用。

◎ 将肉剁成茸，加入味精、盐、蛋清搅匀后用力挞至起胶，加入鳝鱼丝、香菇粒、芹菜珠、马蹄粒拌匀，搓成丸盛在盘里，放进蒸笼蒸10分钟，取出放进汤碗，

◎ 将上汤烧沸，加入味精、盐后淋入碗里，撒上胡椒粉即成。

清汤鳝把

特点

味鲜，色泽多彩。

原料：

鳝鱼肉六两，咸菜一两，湿香菇三钱，肥肉一两，芹菜二两，上汤一斤，味精、盐、胡椒粉各少许。

制法：

① 将鳝鱼肉洗净，用花刀放横直花纹，切成一寸五分长段，再将鳝鱼段切成粗丝，用盐腌过待用。

② 将咸菜、肥肉、香菇切成粗丝，芹菜焯水后撕成丝待用。

③ 将鳝丝二条、肥肉一条、咸菜一条、香菇一条用芹菜丝扎成一把，下锅焯熟，捞起盛在碗里待用。

④ 将上汤烧沸，加入味精、盐后淋入碗里，撒上胡椒粉即成。

烩鳝鱼羹

特点

味鲜肉嫩，色泽多彩。

原料：

鳝鱼肉五两，肉丝一两，笋丝一两，香菇丝三钱，姜丝二分，上汤八两，味精、盐、胡椒粉、麻油、雪粉各少许。

制法：

◎ 将鳝鱼肉洗净，用花刀放横直花纹，切成丝待用。

◎ 将鳝鱼丝和肉丝、笋丝、香菇丝、姜丝下锅炒熟，加入上汤、味精、盐、胡椒粉、麻油后勾薄芡装碗即成。

生炒田鸡

原料：

净田鸡六两，湿香菇五钱，竹笋肉三两，蒜米、味精、鱼露、麻油、胡椒粉、粉水各少许。

制法：

● 将田鸡剁去脚爪，拆去后腿上节腿骨，放花刀后切块，抹上少许鱼露和粉水，香菇、竹笋肉切片待用。

● 将鱼露、味精、麻油、胡椒粉、粉水各少许对成碗芡待用。

● 将田鸡和笋片分别放进油锅溜过捞起，将蒜米、香菇放进锅炒香，投入田鸡和笋片，下碗芡翻炒几下装盘即成。

特点

鲜嫩、爽滑、味美。

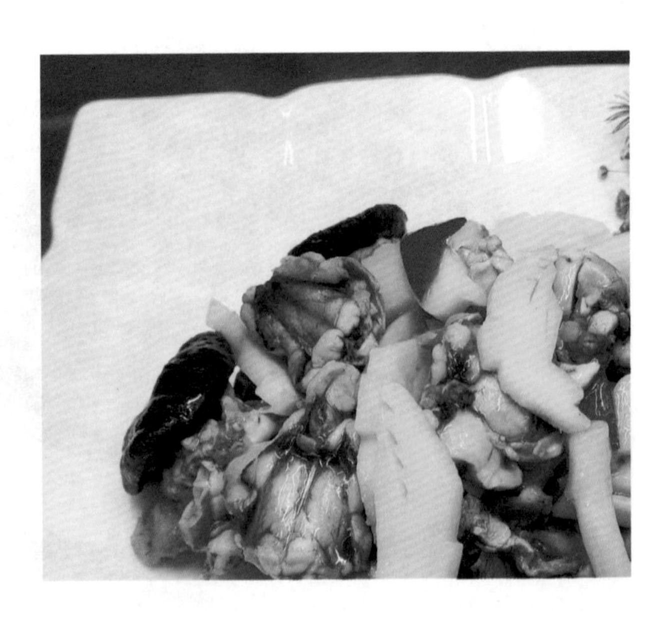

炒田鸡片

特点

肉滑嫩，味鲜美。

原料：

净田鸡一斤，笋花三两，湿香菇片五钱，葱段、姜片、红椒片、味精、鱼露、麻油、胡椒粉、粉水各少许。

制法：

① 将田鸡脱骨取肉，片成薄片，放花刀后改块，抹上少许鱼露、粉水待用。

② 将鱼露、味精、麻油、胡椒粉、粉水各少许对成碗芡待用。

③ 将田鸡片和笋花分别放进温油锅溜过捞起，然后将香菇、葱段、姜片、红椒片炒香，倒入田鸡、笋片，下碗芡翻炒几下装盘即成。

油泡田鸡

特点

肉嫩滑，味香浓。

原料：

田鸡二斤，蒜米一两，真珠花菜一两，姜米、红椒米、味精、鱼露、麻油、胡椒粉、粉水各少许。

制法：

① 将田鸡斩头、剥皮，从田鸡胸撕开，去内脏洗净，剁去脚爪，拆去胸骨，放花刀后切块，抹上少许鱼露、粉水待用。

② 将鱼露、味精、麻油、胡椒粉、粉水各少许对成碗芡待用。

③ 将田鸡块下油锅用温油溜过捞起，将蒜米下锅里炒至金黄色，加入姜米、红椒米后投入田鸡块，下碗芡翻炒几下装盘，用炸过的真珠花菜叶伴边即成。

清蒸田鸡

特点

肉滑嫩，味鲜美。

原料：

净田鸡八两，湿香菇片五钱，葱段几条，姜片几片，红椒片几片，味精、盐、胡椒粉、麻油、酒、雪粉各少许。

制法：

① 将田鸡剁去脚爪，拆去后腿上节腿骨，放花刀后切块，用姜、葱、酒腌过待用。

② 将田鸡、菇片、葱段、红椒片和味精、盐、胡椒粉、麻油、雪粉拌匀后盛在盘里，放进蒸笼蒸十五分钟取出，淋上热油即成。

荷包田鸡

原料：

田鸡十只，赤肉四两，湿草菇四钱，炸杏仁粒四钱，香菇粒二钱，马蹄粒一两，蛋清一只，姜、葱、酒、上汤、味精、酱油、胡椒粉、麻油、雪粉各少许。

制法：

将田鸡斩头后剥去皮，再从刀口处取出田鸡内脏（起荷包）洗净，用姜、葱、酒、酱油腌过待用。

将猪肉剁成茸，加入味精、盐、蛋清搅匀后用力挞至起胶，加入香菇粒、杏仁、马蹄粒搅匀后分成十份，分别酿入田鸡内，在切口处粘上雪粉，下油锅炸至金黄色，捞起盛在盘中待用。

将草菇放进锅里加入上汤、酱油、胡椒粉、麻油炆两分钟，淋在田鸡上面，入蒸笼蒸十五分钟取出，用原汤下味精后勾芡，加包尾油淋上即成。

特点

滑嫩味鲜，香味浓郁。

草菇焗田鸡

特点

味鲜嫩滑，菇香浓郁。

原料：

净田鸡八两，草菇五钱，肥肉二两，姜、葱各二条，上汤、味精、酱油、胡椒粉、麻油、雪粉各少许。

制法：

❶ 草菇浸发待用。

❷ 将田鸡剁去脚爪，拆去胸骨，洗净后放上花刀待用。

❸ 将肥肉片薄垫在锅底，放上田鸡、草菇，加入上汤、酱油、胡椒粉、麻油，加盖密封，先用武火后用文火焗二十分钟至熟取出，田鸡斩块装盘待用。

❹ 将原汤和草菇下锅，加入味精勾芡后淋在田鸡上面即成。

玉簪田鸡

特点

入口嫩滑，造型美观。

原料：

田鸡后腿二十只，火腿一两，湿香菇四钱，笋肉一两，姜、葱、酒、上汤、味精、盐、胡椒粉、麻油、雪粉各少许。

制法：

◎ 将田鸡后腿脱骨洗净，用姜、葱、酒、盐腌过，火腿、香菇、笋切成粗丝待用。

◎ 将火腿，香菇，笋丝各一条插入田鸡腿中，拍上薄粉后放进温油锅溜炸，捞起放进锅里，加入上汤、盐、胡椒粉、麻油炆五分钟，下味精后勾芡装盘里即成。

清田鸡丸

特点

汤清、爽口、味鲜。

原料：

净田鸡肉三两，赤肉一两五钱，虾肉一两五钱，马蹄肉一两，湿香菇二钱，青豆畔二十粒，蛋白一只，上汤一斤，味精、盐、胡椒粉各少许。

制法：

将田鸡肉切成细丝，马蹄、香菇切粒待用。

将赤肉和虾肉剁成茸，加入蛋白、盐后用力挞至起胶，加入田鸡、香菇、马蹄拌匀，用手挤成丸，盛在盘里，贴上青豆畔，放进蒸笼用旺火蒸八分钟，取出砌在碗里待用。

将上汤烧沸，加入味精、盐后淋入碗里，撒上胡椒粉即成。

清汤田鸡

特点

汤清、肉嫩、味鲜，有独特风味。

原料：

净田鸡肉六两，香菇三钱，咸菜心一两，笋花几片，上汤一斤，芹菜珠、味精、盐、胡椒粉、雪粉各少许。

制法：

◉ 将田鸡片开，放上花刀后切片，抹上盐、雪粉待用。

◉ 将田鸡片、香菇、咸菜片、笋花分别放进锅里焯熟捞起盛在碗里待用。

◉ 将上汤烧沸，加入味精、盐、胡椒粉后淋入，撒上芹菜珠即成。

水晶田鸡

特点

色泽洁白，形似菊花。

原料：

净田鸡肉六两，肥膘肉二两，虾肉四两，马蹄肉一两，火腿半两，湿香菇二钱，蛋白一只，芹菜、上汤、味精、盐、胡椒粉各少许。

制法：

将田鸡肉切成细粒，肥膘肉切成二十片圆薄片，马蹄切粒，火腿、香菇、芹菜切末待用。

将虾肉剁成茸，加入蛋白、盐后用力挞至起胶，加入田鸡、马蹄、火腿、味精拌匀，分成二十份，酿上肥膘肉片，中间分别放上火腿、香菇、芹菜末，入笼蒸十五分钟取出待用。

将上汤煮沸后下味精、盐、胡椒粉，勾芡加包尾油淋上即成。

水晶田鸡

红炆水鱼

特点

肉质嫩滑、香味浓郁。

原料：

水鱼一只约二斤，肚肉二两，湿香菇五钱，蒜头一两，姜两片，葱二条，上汤、味精、酱油、胡椒粉、麻油、雪粉各少许。

制法：

① 将水鱼宰杀后焯水，擦去外衣，取去肠肚洗净，斩成一寸大块状，抹上酱油和薄粉，肚肉切成厚片待用。

② 将水鱼放进油锅过油捞起，蒜头炸至金黄色捞起，香菇和肚肉下锅炒香，加入上汤、酱油，放入水鱼、蒜头、姜、葱，先用武火后用文火约炆半小时，至水鱼软烂时，去掉姜、葱，加入味精、胡椒粉、麻油后勾芡装盘即成。

炆荷包水鱼

特点

形似荷包、味道香浓。

原料：

水鱼一只约一斤五两，赤肉五两，蒜头米五钱，香菇粒三钱，蛋清一只，姜、葱、红椒、上汤、味精、酱油、胡椒粉、麻油、雪粉各少许。

制法：

❶ 将水鱼杀血焯水后擦去外衣，再用刀将水鱼胸部割开，取出肠肚洗净待用。

❷ 将猪肉剁成茸，掺入蒜头米、香菇粒、蛋清、味精、胡椒粉、麻油、雪粉拌匀成馅，酿入水鱼腹内，用咸草扎紧后抹上酱油和薄粉，下油锅油炸过捞起待用。

❸ 将水鱼放进锅里，加入葱、姜、红椒、上汤、酱油炆一小时，去掉姜、葱、红椒，加入味精、胡椒粉、麻油后勾芡装盘即成。

清荷包水鱼

特点

汤清、肉嫩、味鲜。

原料：

水鱼一只约一斤，鸡丁二两，湿香菇丁三钱，肫丁一两，薏米半两，火腿丁三钱，排骨四两，姜二片，葱一条，蒜头几粒（用竹针串在一起），上汤、味精、盐、胡椒粉各少许。

制法：

将水鱼杀血焯水后擦去外衣，再用刀将水鱼胸部割开，取出肠肚洗净，薏米洗净泡水待用。

将薏米盛在碗里，加入香菇丁、鸡丁、肫丁、火腿丁、味精、盐、胡椒粉拌匀，酿入水鱼腹内，用咸草扎紧后背朝下放在炖盅里，排骨焯水后盖在水鱼上面，加入姜、葱、蒜头、上汤、盐，入蒸笼炖90分钟取出，去掉姜、葱、蒜头、排骨，加入味精、胡椒粉即成。

清炖水鱼

特点

汤清味鲜，爽口。

原料：

水鱼一斤五两，冬菇五钱，排骨四两，姜二片，葱一条，蒜头几粒，味精，胡椒粉，盐各少许。

制法：

◎ 将水鱼宰后用开水烫一下，擦去外衣，取去肠肚洗净，斩成一寸块状，焯水洗净，盛在炖盅里待用。

◎ 葱、蒜头、上汤、盐，入蒸笼炖一小时取出，去掉姜、葱、蒜头、排骨，加入味精、胡椒粉即成。

CHAPTER 6

第六章 海鲜类

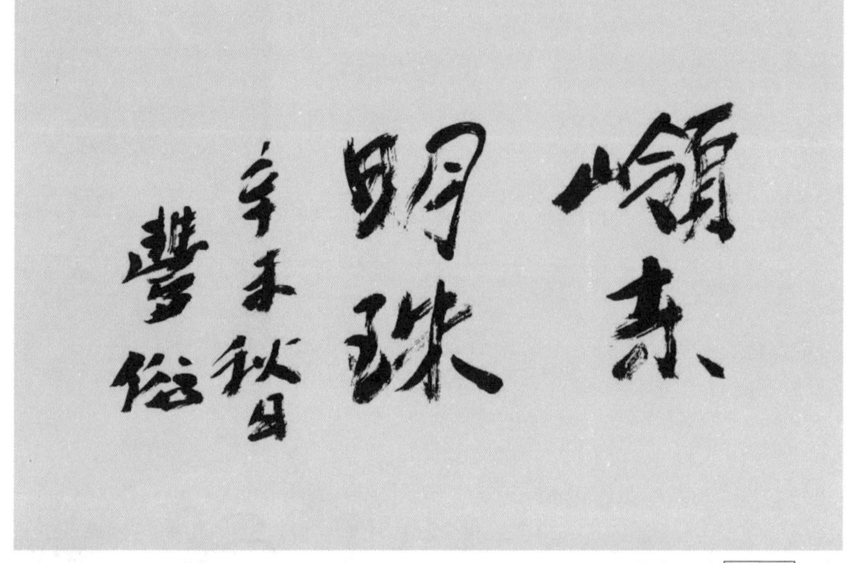

■ 著名画家林丰俗题字

生炊龙虾

特点

味鲜肉爽。

原料：

龙虾一条一斤五两，网油一张，姜一片，葱一条，猪油适量。

制法：

将龙虾擦洗干净后放在砧板上，用斜刀将虾头斩下，再斩下虾尾，将虾头从中间破开，去掉虾鳃，斩成块状，龙虾身剁块，脚斩成段，摆成原形，盖上网油，放上姜、葱放进蒸笼蒸10分钟取出，去掉姜、葱、网油，淋上热猪油即成，上菜时要跟上桔油二碟。

注：要进蒸笼蒸时，要淋水以保持龙虾洁白

生菜龙虾

特点

色泽多彩，造型美观，肉鲜爽口。

原料：

熟龙虾二斤，生菜四两，鸡蛋二只，火腿两半，番茄半斤，熟花生油一两，白醋四钱，盐一钱，味精二钱，白糖二钱，芥末三钱，芫荽少许。

制法：

① 将生菜洗净晾干，垫在盘底，番茄剥皮去籽，切厚片叠在生菜上面，火腿切片，鸡蛋煮熟去壳，将蛋白切片待用。

② 将熟龙虾去壳，龙虾脚去掉第一节的外壳，龙虾肉用斜刀成厚片，中间夹上火腿片摆在番茄上，在龙虾肉和火腿片的四片中间插上一片蛋白，并摆上龙虾头、脚、尾，砌成龙虾原形，用芫荽伴边待用。

③ 将蛋黄放在大碗里用汤匙研成泥，加入芥末、盐、白糖、味精、盐一起筷子用力打，边打边下熟花生油（熟花生油分三次下）打成浆后，下醋搅匀即成沙律酱，上菜时将沙律酱分为二碟，随菜上席。

注：如无沙律酱用梅羔、茄汁、白糖、醋制成酱代替也可。

川椒龙虾

特点

肉爽味香。

原料：

龙虾二斤，川椒末、葱花、姜、葱、酒、味精、盐、麻油、胡椒粉、雪粉各少许。

制法：

将龙虾洗净后放在砧板上，用刀取下龙虾身，将虾头和尾斩下，再将龙虾头剁畔斩块，将龙虾头、脚、尾摆成龙虾原形，放进蒸笼蒸熟待用。

将味精、盐、麻油、胡椒粉、粉水各少许对成碗芡待用。

将虾身斩块后，用姜、葱、酒腌过，撒上雪粉后放进锅里炸过捞起，将川椒、葱珠放下锅里炒香，投入龙虾块，下碗芡后翻炒几下装盘即成。

彩丝龙虾

原料：

龙虾二斤，芫荽半两，猪油、味精、上汤各少许。

制法：

◉ 将龙虾洗净放进锅里煮熟，将头和尾斩下，剁下龙虾脚，摆回原形，将龙虾肉用手撕成细丝摆在上面待用。

◉ 将猪油、味精、上汤拌匀后淋在龙虾丝上面，用芫荽伴边即成，上席时跟上桔油二碟。

特点

清鲜嫩滑。

清龙珠丸

特点

汤清味美，肉质爽口。

原料：

龙虾肉八两，肥肉粒一两，马蹄粒一两，青豆畔二十畔，上汤一斤二两，蛋白二只，味精、盐、胡椒粉少许。

制法：

◎ 将龙虾肉剁成茸盛入碗里，加入蛋白、盐，用力挞至起胶，加入肥肉粒、马蹄粒和味精拌匀，挤成丸的贴上青豆畔，放在盘里（盘底要先抹油）入蒸笼蒸10分钟，取出砌进碗里待用。

◎ 将上汤烧沸，加入味精、盐后淋入碗里，撒上胡椒粉即成。

生炒虾球

特点

鲜嫩爽滑。

原料：

明虾肉六两，香菇二钱，韭黄三两，红椒几片，味精、盐、麻油、胡椒粉、粉水各少许。

制法：

香菇浸发待用。

将虾肉从背片开，用盐、粉水腌过，放进温油锅溜过捞起待用。

将盐、味精、麻油、胡椒粉、粉水各少许对成碗芡待用。

将香菇切丝，韭黄切段和红椒片下锅炒几下，将溜好虾球倒进锅里，下碗芡后翻炒几下装盘即成。

油泡虾球

原料：

明虾肉一斤，蒜头米一两五钱，姜米，红椒末少许，真珠花菜叶一两，盐、味精、胡椒粉、麻油、粉水各少许。

制法：

- 将虾肉从背片开，用盐、粉水腌过，放进温油锅溜过捞起，真珠花菜炸成菜松待用。
- 将盐、味精、麻油、胡椒粉、粉水各少许兑成碗芡待用。
- 将蒜米放进锅里炒至金黄色，下姜米、红椒末，投入虾球，下碗芡后翻炒几下装盘，用真珠花菜松伴边即成。

爽嫩油滑，蒜香浓郁。

生炒虾松

特点

肉鲜味美，松中带爽。

原料：

鲜熟虾肉五肉，马蹄四两，湿香菇五钱，韭黄五钱，火腿末二钱，生菜叶、薄饼皮各二十张（每张碗仔大），味精、盐、麻油、胡椒粉、粉水各少许。

制法：

◎ 将虾肉切粒，香菇、马蹄、韭黄切成细粒待用。

◎ 将虾粒下锅炒香，加入马蹄粒、香菇粒、韭黄粒炒匀，下盐、味精、胡椒粉、麻油翻炒几下装盘，撒上火腿末即成，上席时跟上生菜叶、薄饼皮各20张和浙醋二碟。

炒芙蓉虾

原料:

熟虾仁六两，蛋白三只，笋肉一两，湿香菇三钱，葱段三钱，盐、味精、胡椒粉各少许。

制法:

◉ 将笋切指甲片，香菇切片待用。

◉ 将蛋白盛在碗里，加入盐、味精、胡椒粉搅匀，再加入虾仁、笋片、香菇片、葱段搅匀，下锅里翻炒几下装盘即成。

特点

形似芙蓉，鲜嫩爽滑。

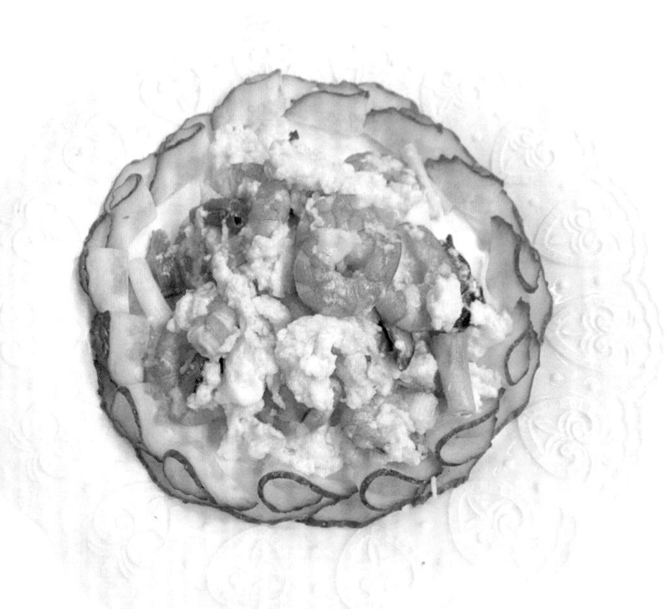

凤入龙胎

特点

形状雅致，鲜嫩爽滑，味道鲜美。

原料：

明虾八两，去皮鸡肉五两，香菇粒二钱，方鱼末二钱，蛋清一只，芹菜珠二钱，姜、葱、酒、味精、盐、胡椒粉、粉水各少许。

制法：

① 将明虾剥壳去头尾洗净，虾肉片成二片后用姜、葱、酒、盐腌过待用。

② 将鸡肉剁成茸，加入蛋清、香菇粒、芹菜珠、方鱼末和盐、味精、胡椒粉拌匀成馅待用。

③ 取虾肉一片，酿上鸡肉馅，另一片虾酿在上面，拍上面粉后蘸上蛋液，下进油锅炸至金黄色捞起，砌进碗里加入上汤、盐，放进蒸笼蒸4分钟，取出扣在盘里，将原汤烧沸，加入盐、味精、胡椒粉，勾芡后淋上即成。

干炸虾筒

原料：

明虾肉六两，肥肉丝一两五钱，方鱼丝五钱，芹菜段五钱，面粉一两，面包糠二两，蛋清二只，萝卜龙二条，姜、葱、酒、盐、胡椒粉各少许。

制法：

- 将虾肉片畔勿断，再用刀压平，用姜、葱、酒、盐腌过待用。
- 将虾肉开口处向上，逐只摊开，放上肥肉丝、方鱼丝、芹菜段各一条，卷成筒形，逐个粘上面粉，蘸上蛋清，粘上面包糠，用手搓一寸二分长，六分宽圆筒形待用。
- 将虾筒下油锅炸至金黄色捞起，装盘拼上萝卜龙即成，上席时跟上喼汁、甜酱各二碟。

外酥内嫩，甘香可口。

炸吉列虾

特点

外酥内嫩，香酥可口。

原料：

中明虾八两，蛋二只，面粉一两，面包糠二两，萝卜龙二条，姜、葱、酒、盐、胡椒粉各少许。

制法：

① 将虾肉片畔，用刀压平，放花刀后用姜、葱、酒、盐腌过，逐条粘上面粉，蘸上蛋液，粘上面包糠待用。

② 将虾逐件放进热油锅，炸至金黄色捞起装盘，拼上萝卜龙即成，上席时跟上喼汁二碟。

干炸虾卷

原料：

虾肉八两，肥肉粒一两，马蹄粒五钱，面粉五钱，蛋一只，萝卜龙二条，川椒末、盐、味精、雪粉各少许，腐皮二张（可用网油代替）。

制法：

◎ 先将虾肉剁成茸，加入盐、蛋清后用力挞至起胶，下肥肉粒、马蹄粒、川椒末、味精拌匀待用。

◎ 将腐皮摊开撒上干粉，放上虾胶卷成圆条状，盛在盘里放进蒸笼蒸10分钟取出待用。

◎ 将虾卷用斜刀切成二分块状，下油锅里炸至金黄色捞起装盘，拼上萝卜龙即成，上席时要跟上浙醋二碟。

特点

色泽金黄，外酥内嫩。

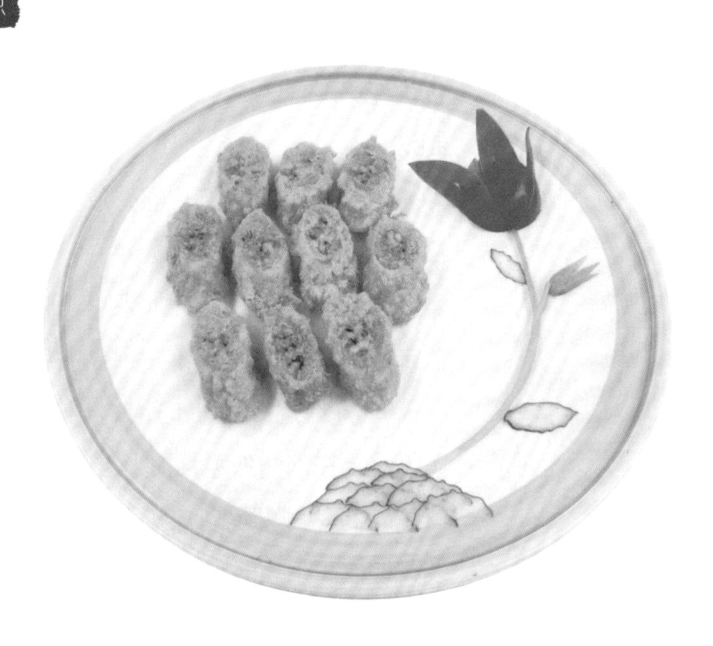

炸金鲤虾

特点

色泽金黄，外酥内嫩，形似金鱼。

原料：

中虾去壳留尾六两，网油五两，赤肉四两，莲子粒一两，香菇粒二钱，方鱼末二钱，蛋清一只，雪粉一两，姜、葱、酒、味精、盐、胡椒粉各少许。

制法：

① 将虾逐条用刀片畔，放花刀后用姜、葱、酒、盐腌过待用。

② 将赤肉剁成茸，加入莲子粒、香菇粒、方鱼末、蛋清和盐、味精、胡椒粉拌匀待用。

③ 将虾逐条酿上肉馅，用网油包成金鱼形（虾尾要在网油外），拍上雪粉待用。

④ 将金鲤虾逐条放进油锅炸至金黄色，捞起装盘即成，上席时跟甜酱二碟。

炸风尾虾

原料：

中虾肉（留尾）六两，面粉三两，蛋一只，泡打粉一分，姜、葱、酒、盐、川椒末、胡椒粉各少许。

制法：

㊀ 先将虾肉片开，拍后放花刀，用姜、葱、酒、川椒末、盐腌过待用。

㊁ 将面粉和泡打粉盛在碗里拌匀，加入蛋液和清水搅匀成面浆待用。

㊂ 将虾逐条上面浆后放进油锅炸至金黄色（酥脆）捞起，盛在盘里，淋上胡椒油即成，上菜时跟桔油二碟。

特点

色泽金黄，外酥香，肉鲜嫩。

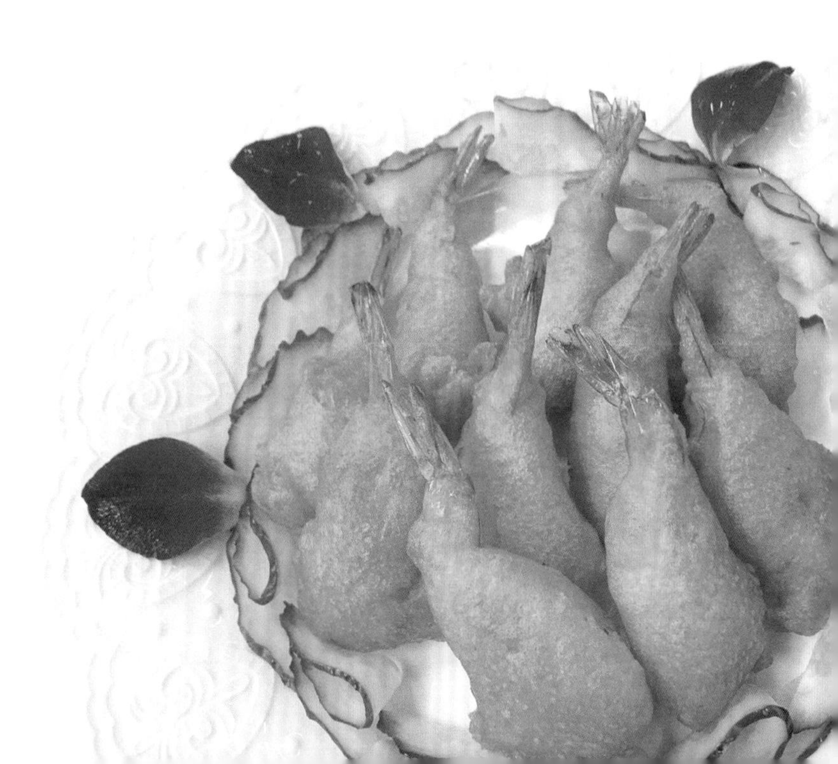

干炸虾枣

特点

色泽金黄，酥香鲜美。

原料：

虾肉八两，蛋一只，肥肉粒一两五钱，马蹄粒一两，韭黄粒半两，面粉一两五钱，味精、盐、川椒末、麻油、胡椒粉各少许。

制法：

❶ 将虾肉用刀剁成细粒，用碗盛起，加入肥肉粒、马蹄粒、韭黄粒、蛋、面粉和川椒末、盐，拌匀成虾浆待用。

❷ 右手执汤匙，左手抓虾浆挤成丸状，用汤匙拨进油锅里炸至金黄色捞起，将油倒出，放进少许胡椒粉、麻油，将炸好虾枣放进锅里翻炒几下装盘即成，上菜时跟桔油二碟。

干煎虾录

原料：

明虾一斤，姜米、葱花、红椒末、喼汁、盐各少许。

制法：

❶ 将虾用剪刀把头、须、脚修剪干净，再用剪刀尖在虾腰去掉肠后洗干净待用。

❷ 锅里放油后将虾下锅里煎至两面赤，下姜、葱、红椒末炒匀，加入喼汁、盐翻炒几下装盘即成。

特点

色泽金黄，酥香鲜美。

茄汁虾录

特点

色泽金黄，香酥爽口。

原料：

明虾一斤，茄汁一两，姜米、葱花、红椒米、糖、酱油、雪粉各少许。

制法：

① 将虾用剪刀把头、须、脚修剪干净，再用剪刀尖在虾腰去掉肠后洗干净，加少许雪粉拌匀待用。

② 将虾放进油锅里炸过捞起，油倒出，下姜米、葱花、红椒米略炒，投入虾录，加入茄汁、糖、酱油炆五分钟，勾芡后装盘即成。

清金鲤虾

原料：

中虾二十条（留尾），虾肉五两，鸡胸肉二两，红椒丝二钱，香菇丝三钱，火腿一两，肥肉粒半两，青豆二十粒，蛋清一只，上汤一斤，龙须菜、芫荽、姜、葱、酒、盐、味精、胡椒粉各少许。

制法：

◎ 将虾肉从背片开，剔去虾肠，放花刀后用姜、葱、酒、盐腌过，摆在盘上待用。

◎ 将虾肉打成茸，加入蛋清、盐、味精挞至起胶。鸡胸肉剁成茸待用。

◎ 将虾胶、鸡茸放于碗里，加入少许盐、味精后用筷子打至起胶（下水能浮），再下肥肉粒、胡椒粉搅匀待用。

◎ 将虾肉胶酿在虾身上，捏成金鱼状，用青豆畔作眼，火腿切成小三角插上成鱼翅、鳍，背上饰以红椒丝、香菇丝后装盘，放进蒸笼蒸八分钟，取出砌在碗里，放上龙须菜、芫荽待用。

◎ 将上汤烧沸，加入盐、味精后淋入，撒上胡椒粉即成。

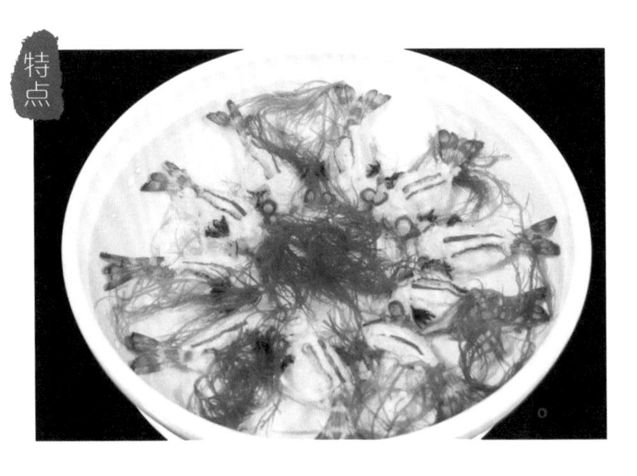

特点

造型美观，形似金鱼，鲜嫩爽口。加龙须菜、芫荽，有如水草，故又名：『金鱼穿苔』。

生炊羔蟹

特点

羔香肉嫩。

原料：

羔蟹二只约一斤五两，肥肉一两，姜、葱、绍酒、川椒、盐水、猪油各少许。

制法：

1. 将羔蟹洗净去鳃（注意将蟹屎洗干净），切出蟹钳（拍碎硬壳）、蟹脚，蟹肉切块后摆在盘里成原形待用。

2. 将肥肉片开盖在蟹上，放上姜、葱、川椒，再将盐水、绍酒拌后淋上，放进蒸笼蒸10分钟，取出去掉肥肉、姜、葱、川椒，淋上热猪油即成，上席跟上姜米浙醋二碟。

鸳鸯羔蟹

原料：

肉羔蟹各一只，青豆泥五钱，肥肉一两五钱，鲜虾肉二两，味精五分，瘦肉二两五钱，猪油一两，鸡蛋一只，姜二片，葱二条，湿香菇五钱，韭黄、味精、精盐、川椒各少许。

制法：

将羔蟹宰后去鳃洗干净，取出蟹黄，并将肉蟹宰后去鳃洗干净，切去蟹钳，蟹身各切成八块（连蟹脚），肥肉、湿香菇、韭黄分别切粒待用。

将瘦肉、鲜虾肉剁成茸，加入鸡蛋清、味精、精盐拌匀后用力挞至起胶，加入肥肉粒、湿香菇粒、韭黄粒拌匀，分成二份，一份掺入青豆泥，一份掺入蟹黄后各酿八块蟹肉，砌成一对相朝的蟹状，再将两个蟹壳分别酿上蟹黄馅和青豆馅，摆在盘的两边，将姜、葱、川椒放在上面，然后放进蒸笼蒸15分钟取出，去掉姜、葱、川椒，淋上热猪油即成。上席跟上姜米浙醋二碟。

味道鲜美，造型美观，雌的呈粉红色，雄的呈粉青色，相映成对，状如鸳鸯，故称『鸳鸯羔蟹』。

生炊蟹钳

特点

色泽鲜红，肉质鲜嫩。

原料：

大蟹钳二十只，姜一片，葱一条，生鸡油、猪油少许。

制法：

将大蟹钳洗净，蒸熟去壳放在盘里，盖上生鸡油，放上姜、葱，入笼蒸热，取出去掉生鸡油、姜、葱，淋上热猪油即成，上席时跟上姜米浙醋二碟。

炒芙蓉蟹

特点

洁白、鲜嫩、香郁。

原料：

熟蟹肉八两，鸡蛋白四只，笋片一两，香菇片二钱，猪油一两五钱，味精、盐、胡椒粉各少许。

制法：

- 将蛋白、味精、盐、胡椒粉搅匀，加入蟹肉、香菇片、笋片后搅匀待用。
- 锅烧热，放入猪油，将拌好的蟹肉料下锅里，炒至蛋白刚凝固装盘即成。

炆酿蟹掌

特点

形色美观，味道鲜美。

原料：

大蟹钳十二个，肉浆三两，马蹄粒五钱，蛋白一个，香菇粒三钱，方鱼末一钱，高汤五两，味精、盐、胡椒粉、面粉各少许。

制法：

① 将肉浆和马蹄粒、香菇粒、方鱼末、盐、味精拌匀待用。

② 将大蟹钳蒸熟，取出晾凉，去掉大蟹钳硬壳，留会活动的脚硬壳，酿上肉浆，撒上面粉，蘸蛋白后下油锅炸至金黄色捞起。

③ 将炸好蟹钳砌在碗里，加入高汤半斤和盐、胡椒粉，放进蒸笼蒸十分钟，取出扣在盘里，用原汤加味精后勾芡淋上即成。

酿金钱蟹

特点

甘香，外脆，肉嫩。

原料：

肉蟹二只，赤肉四两，肥肉粒一两，香菇粒三钱，马蹄粒五钱，青豆二十粒，蛋一只，猪油、姜米、味精、盐、胡椒粉、雪粉各少许。

制法：

将肉蟹宰后去鳃洗干净，切成十二块待用。

将赤肉剁成茸，加入肥肉粒、马蹄粒、菇粒、蛋清、味精、盐、胡椒粉、雪粉拌匀后酿在肉蟹块上，贴上青豆，砌在盘里，放进蒸笼蒸15分钟，取出淋上热猪油即成。上席跟上姜米浙醋二碟。

干炸七星蟹

特点

肉鲜嫩，外酥香。

原料：

羔蟹二只，肉茸三两，青豆十二粒，雪粉一两，蛋清一个，香菇粒、虾米末、盐、味精各少许。

制法：

❶ 将羔蟹宰后去鳃洗干净，将蟹切成十二块待用。

❷ 肉茸加入蛋清、盐、味精后挞至起胶，加入香菇粒、虾米末拌匀酿在蟹块上，每块贴上青豆一粒，拍上干雪粉待用。

❸ 将酿好的蟹块下油锅炸至金黄色，捞起装盘即成，上席时跟上浙醋、喼汁各二碟。

干炸蟹塔

特点

形似塔，色金黄，肉鲜嫩、外酥香。

原料：

蟹肉四两，虾肉二两五钱，瘦肉一两，肥肉一两五钱，鸡蛋一只，韭黄四钱，马蹄肉五钱，蟹壳十二个，味精、精盐、麻油、胡椒粉、雪粉各少许。

制法：

◎ 将蟹壳洗干净，用开水烫软，剪成直径一寸宽的圆形，肥肉、韭黄、马蹄肉分别切成细粒待用。

◎ 将瘦肉、虾肉剁成茸，加入蟹肉、肥肉粒、韭黄粒、马蹄肉粒、味精、精盐、胡椒粉和蛋清搅匀，然后分成十二件，酿在蟹壳上面，用手捏成塔形，蘸上干雪粉，摆进盘里，放进蒸笼蒸六分钟。

◎ 将蟹塔下油锅炸至金黄色捞起，装入彩盘中即成。上席跟上浙醋、喼汁各二碟。

关键：

◎ 蒸的时间不能太久，以保证鲜美味道。

◎ 炸时油温不能太高，以保持色泽美观。

季节：

秋冬季佳肴。

炸朝珠蟹

特点

形似朝珠，外酥内嫩。

原料：

蟹肉八两，赤肉四两，香菇丝三钱，马蹄丝二两，葱丝二钱，蛋清一个，网油半斤，雪粉一两，咸草二条，川椒末、味精、盐各少许。

制法：

壹 将赤肉剁成茸，加入香菇丝、马蹄丝、葱丝、川椒末、味精、盐、蛋清和雪粉半两拌匀，再加入蟹肉拌匀成蟹肉馅待用。

贰 将网油摊开，撒上雪粉，放上蟹肉馅，卷成圆柱形，用咸草分节，每寸结一节待用。

叁 将蟹卷下油锅炸至金黄色捞起，用刀改块（每节一块）装盘即成，上席跟浙醋、桔油各二碟。

注：炸时要先用武火后文火。

炸八宝蟹

特点

色淡金黄，肉鲜嫩、外酥香。

原料：

蟹壳几个，赤肉四两，蟹肉四两，肥肉粒一两，韭黄粒三钱，马蹄粒五钱，鸡蛋清三只，面包糠二两，味精、盐、胡椒粉各少许。

制法：

◎ 将赤肉剁成茸，加入鸡蛋清、味精、精盐拌匀后用力挞至起胶，加入蟹肉、肥肉粒、韭黄粒、马蹄粒和胡椒粉一起拌匀成馅料待用。

◎ 将蟹壳酿上蟹肉馅，蘸上蛋清，粘上面包糠后放进油锅炸至金黄色捞起，切块装盘即成。上席跟上浙醋、喼汁各二碟。

干炸川椒蟹

特点

香酥味美。

原料：

肉蟹一斤五两，雪粉一两五钱，萝卜龙二条，川椒末、葱花、味精、盐、麻油、粉水各少许。

制法：

将肉蟹宰后去鳃洗净，切去边缘，剁块用碗盛起，加入盐、雪粉一起拌匀，下油锅炸至金黄色捞起待用。

将味精、盐、麻油、粉水各少许对成碗芡待用。

将川椒末、葱花放下锅里炒香，投入蟹块，下碗芡翻炒几下装盘，拼上萝卜龙即成，上席时跟上浙醋、喼汁各二碟。

酸甜琉璃蟹

特点

酸甜嫩香。

原料:

肉蟹一斤，菠萝片二两，葱白几段，白糖一两，白醋二钱，姜米、红辣椒片、酱油、雪粉各少许。

制法:

将肉蟹宰后去鳃洗净，切去边缘，剁块用碗盛起，加入酱油、雪粉一起拌匀，下油锅炸至金黄色捞起待用。

将姜米下锅略炒，放进菠萝片、红辣椒片、葱白炒匀，加入糖、酱油、醋炒后勾芡，投入蟹块翻炒几下装盘即成。

梅花白玉蟹

特点

味鲜、汤清、肉爽、瓜烂。

原料：

冬瓜肉二斤，蟹肉四两，赤肉三两，香菇二钱，火腿二钱，蛋清一只，上汤一斤，味精、盐、胡椒粉各少许。

制法：

- 将冬瓜焯熟，用梅花形模具将冬瓜印成二十块，中间挖圆孔待用。
- 将瘦肉剁成茸，香菇、火腿切成细粒，加上蟹肉、味精、盐、胡椒粉和蛋清拌匀成蟹肉馅待用。
- 将蟹肉馅酿入冬瓜中，放在盘里入蒸笼蒸10分钟，取出砌进汤碗中待用。
- 将上汤烧沸，加入味精、盐后淋入碗里，撒上胡椒粉即成。

炖三仙蟹掌

特点

软滑烂香，味道鲜美。

原料：

蟹钳肉四两，猪脑三两，骨髓半斤，芦笋一两，香菇三钱，虾米三钱，高汤一斤五两，味精、盐、胡椒粉、雪粉各少许。

制法：

① 香菇浸发待用。

② 将猪脑去筋洗净，骨髓洗净切段，芦笋洗净切段待用。

③ 将蟹钳肉、猪脑、骨髓、芦笋放入炖锅，加入高汤，炖半小时取出，下香菇、虾米、盐后炖十分钟，加入味精、胡椒粉，勾薄芡即成。

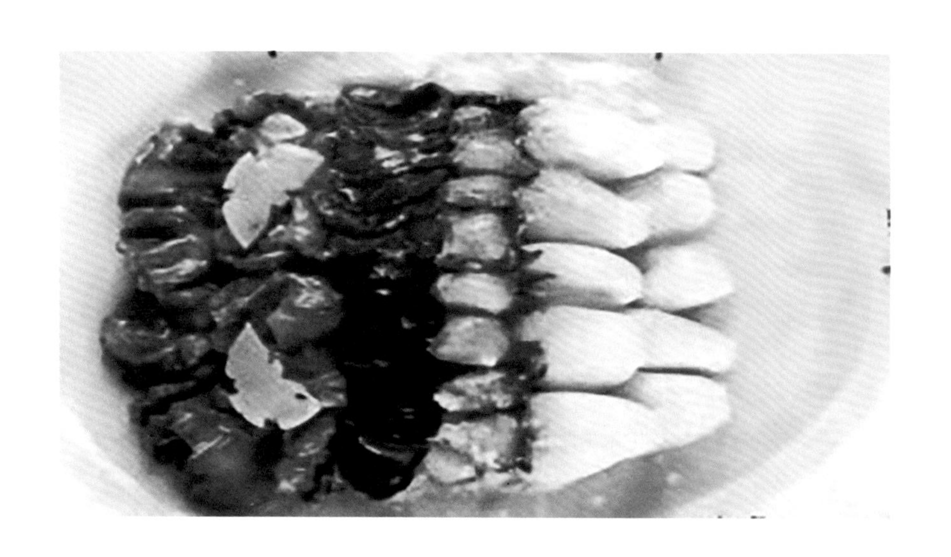

红炆蟹掌

特点

肉鲜嫩、味香浓。

原料：

蟹钳肉六两，肥肉粒一两，香菇粒三钱，笋花二两，虾米、高汤、味精、酱油、麻油、胡椒粉、雪粉各少许。

制法：

❶将肥肉粒用酱油炒过待用。

❷将香菇粒下锅炒香，投入笋花、蟹钳肉、虾米和肥肉粒炒匀，下高汤、酱油、麻油、胡椒粉，炆十分钟后加入味精，勾芡装盘即成。

清汤蟹丸

特点

鲜嫩爽滑，

汤清味美。

原料：

蟹肉七两，赤肉三两，蛋清一个，香菇粒二钱，肥肉粒五钱，火腿末一钱，上汤一斤，芹菜珠、味精、盐、胡椒粉各少许。

制法：

将赤肉剁茸，加入味精、盐和蛋清拌匀，用力挞至起胶，加入蟹肉、肥肉粒、香菇粒、火腿末、胡椒粉拌匀成蟹丸胶待用。

将蟹丸胶用手搓成橄榄状放在盘中，入蒸笼蒸10分钟，取出砌进汤碗待用。

将上汤烧沸，加入味精、盐后淋入碗里，撒上芹菜珠、胡椒粉即成。

清石榴蟹

特点

汤清味美，状如石榴。

原料：

蟹肉六两，赤肉四两，网油四两，上汤一斤，香菇粒、方鱼末、芹菜珠、盐、味精、胡椒粉各少许。

制法：

将赤肉剁成茸，加入香菇粒、方鱼末、芹菜珠和味精、盐、胡椒粉拌匀，再加入蟹肉拌匀成馅料。

将网油放在工夫茶杯上，放入蟹肉馅，将网油收口，结成石榴状（约二十块），放进蒸笼蒸15分钟，取出放入汤碗待用。

将上汤烧沸，加入味精、盐后淋入碗里，撒上胡椒粉即成。

清芙蓉蟹

特点

肉鲜嫩，汤清美，色洁白。

原料：

蟹肉半斤，虾胶四两，鸡蛋清十只，上汤一斤，火腿末、芹菜珠、味精、盐、胡椒粉、雪粉各少许。

制法：

将蟹肉盛在盘里，撒上干雪粉，酿上虾胶，放进蒸笼蒸10分钟，取出切成长一寸二分，宽六分的块待用。

将蛋清用蛋糕棒打成芙蓉，盖在蟹肉上，放进蒸笼蒸1分钟，取出盛在碗里待用。

将上汤烧沸，加入味精、盐、胡椒粉后从碗边淋入，在芙蓉撒上火腿末、芹菜珠即成。

清琵琶蟹

特点

汤清味美，形如琵琶。

原料：

蟹肉六两，赤肉四两，肥肉粒一两，香菇粒三钱，方鱼末一钱，上汤一斤，味精、盐、胡椒粉各少许。

制法：

将赤肉剁成茸，加入蟹肉、肥肉粒、香菇粒、方鱼末和盐、味精拌匀，酿在汤匙里（二十支）成琵琶状，放进蒸笼蒸10分钟，取出脱去汤匙待用。

将上汤烧沸，放入琵琶蟹，加入味精、盐后装碗，撒上胡椒粉即成。

醉蟹

特点

色泽桔红，香味浓醇。

原料：

肉蟹六只约五斤，盐六两，高度泸州老窖六两，冰糖二两，陈皮一钱，川椒二钱，葱白、姜片各一两五钱。

制法：

◎ 将肉蟹擦洗干净，装在蟹篓中，在阴凉处放置半天左右，让肉蟹吐尽腹中水分后装在平底坛内，加盖待用。

◎ 将清水五斤下锅，加入葱、姜、川椒、陈皮、盐、冰糖烧沸后端离火位，冷却和白酒混合，注入装蟹的平底坛内，以浸没肉蟹为宜，加盖密封三天，剥壳去鳃，改块装盘即成，上席时跟上辣椒醋二碟。

白灼螺片

特点

肉鲜爽口，原汁原味。

原料：

螺肉一斤，火腿三钱，味精、盐、麻油、胡椒粉各少许。

制法：

● 将螺片成薄片，火腿切片待用。

● 将味精、盐、麻油、胡椒粉放在碗里搅匀待用。

● 将螺片下锅焯水至刚熟捞起，放在碗里和调料拌匀后装盘，拼上火腿片即成，上席时跟梅糕酱、芥末各二碟。

生炒螺片

特点

美味爽口。

原料：

角螺三斤，韭黄五两，香菇二钱，红椒几片，味精、盐、麻油、胡椒粉、粉水各少许。

制法：

◎ 将角螺敲破去壳，取出螺肉，挖去螺身黑衣，用刀修去螺肠肚和螺厣待用。

◎ 将修好螺肉片后用花刀放横直花纹，切成一寸二分长，一寸宽的片，将螺肉用盐、粉水摸过，将韭黄切成段，香菇切丝待用。

◎ 将味精、盐、麻油、胡椒粉、粉水各少许对成碗芡待用。

◎ 将螺片下油锅溜过捞起，再将香菇丝、韭黄段、红椒片放进锅里炒，下螺片后倒入碗芡，翻炒几下装盘即成。

油泡螺球

特点

味香肉爽脆。

原料：

角螺四斤，蒜头米一两，真珠花菜叶一两，姜米、红椒末、味精、盐、麻油、胡椒粉、粉水各少许。

制法：

● 将角螺敲破去壳，取出螺肉，挖去黑衣，用刀修去螺肠肚和螺厣待用。

● 将螺肉片后用花刀放横直花纹，切成一寸二分长，一寸宽的片，摸过盐、薄粉水待用。

● 将味精、盐、麻油、胡椒粉、粉水各少许对成碗芡待用。

● 将螺肉放进油锅溜过捞起，将蒜米放进锅里炒至金黄色，加入姜米、红椒末、螺肉，倒入碗芡翻炒几下装盘，用炸好的真珠花菜松伴边即成。

炆大响螺

原料：

螺肉一斤，火腿一钱，湿香菇片五钱，笋花几片，粗骨二两，肚肉五两，芫荽头、上汤、味精、盐、麻油、胡椒粉、粉水各少许。

制法：

将螺肉洗净，盛在炖盅里，盖上粗骨、肚肉，放上姜、葱、芫荽头，加入上汤、盐，放进蒸笼蒸两小时取出待用。

将螺肉片成大薄片后和香菇片、笋花、火腿一起放入锅里，加入原汤、胡椒粉、麻油炆5分钟，下味精后勾芡装盘即成。

特点

色泽多彩，造型美观，肉鲜爽口。

明炉烧响螺

特点

肉雪白爽口，方法独特。

原料：

响螺一粒三斤，火腿片一两，柑十二片，川椒、姜米、葱花、绍酒、上汤、味精、酱油各少许。

制法：

① 将螺洗净，沥干水分，螺口向上竖放，灌入川椒、姜、葱、绍酒、上汤、味精、酱油，腌半小时后放在木炭炉上，用慢火烧至螺厣脱离即熟。

② 将螺肉取出切去头部硬肉，剔去螺肠，片成薄片，摆在盘里成原形，放上螺尾，拼上火腿片和柑片即成，上菜时跟梅羔酱、芥末各二碟。

注：烧烤时应将响螺稍为转动，并不时将上汤从螺口加入。

干炸螺卷

原料：

熟响螺肉七两，肥肉三两，方鱼末二钱，芹菜段三钱，腐皮二张，萝卜龙二条，川椒、味精、盐、雪粉各少许。

制法：

① 将螺肉和肥肉分别切成丝，用川椒、盐腌过待用。

② 将腐皮摊开，撒上少许雪粉，放上螺肉丝、肥肉丝、芹菜段和方鱼末卷成圆柱状，用咸草扎紧，盛在盘里入蒸笼蒸5分钟，取出粘上雪粉待用。

③ 将螺卷下油锅里炸至金黄色捞起，去掉咸草，用斜刀切成鸭舌块，摆在盘里，拼萝卜头龙即成，上菜时跟上梅羔酱二碟。

特点

色泽金黄，香酥爽口。

清汤螺片

特点

汤清美，肉爽脆。

原料：

螺肉六两，咸菜心片一两，湿香菇片五钱，笋花几片，上汤一斤，味精、盐、胡椒粉各少许。

制法：

将螺肉片成薄片，候锅里水开时，将螺片、香菇片、咸菜片分别焯水后捞起盛在碗里待用。

将上汤烧沸，加入味精、盐后淋入碗里，撒上胡椒粉即成。

清汤螺把

特点

色彩美观，肉质清爽。

原料：

螺肉六两，湿香菇五钱，咸菜五钱，笋肉五钱，芹菜丝一两，上汤一斤，味精、盐、胡椒粉各少许。

制法：

① 先将螺片成一寸宽，一寸二分的长薄片，再将香菇、咸菜、笋肉切成粗丝待用。

② 将螺片摊开，中间放上咸菜丝、香菇丝、笋丝各一条，卷成卷后，用芹菜丝扎成把待用。

③ 将螺把下锅焯水至八成熟捞起盛在碗里待用。

④ 将上汤烧沸，加入味精、盐后淋入，撒上胡椒粉即成。

金钟螺丸

特点

汤清味鲜，色、香、形俱全。

原料：

螺肉五两，虾胶三两，咸菜三钱，湿香菇三钱，青豆二十粒，蛋白一只，上汤一斤，味精、盐、胡椒粉各少许。

制法：

① 将螺、香菇、咸菜切成细丝待用。

② 将虾胶加入螺丝、香菇丝、咸菜丝、蛋白和味精、盐，拌匀成馅待用。

③ 将茶杯（十二个）抹油后放上青豆，酿入馅料，放进蒸笼蒸8分钟，取出脱去茶杯，砌入汤窝待用。

④ 将上汤烧沸，加入味精、盐后淋入，撒上胡椒粉即成。

清厚剪螺

特点

肉爽、汤清、味鲜。

原料：

螺肉八两，火腿片三钱，咸菜心片一两，湿香菇片五钱，笋花几片，味精、盐、胡椒粉少许。

制法：

❶ 将螺肉洗净，片成厚片，用花刀法放横直花纹，用清水浸泡20分钟待用。

❷ 将咸菜片、笋花一起放进锅里焯水，捞起盛入碗里，再将螺片下锅焯水至刚熟，捞起放在碗里，将火腿片放在螺片上待用。

❸ 将上汤烧沸，加入味精、盐后淋入，撒上胡椒粉即成。

烩螺丝羹

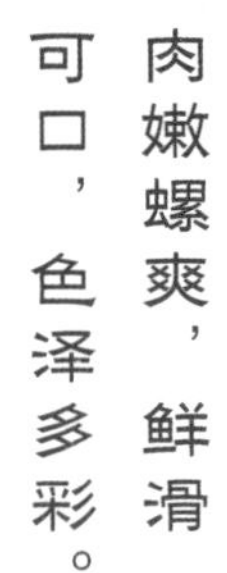

特点

肉嫩螺爽，鲜滑可口，色泽多彩。

原料：

螺丝四两，赤肉丝二两，湿香菇丝五钱，韭黄段一两，上汤八两，味精、盐、胡椒粉、雪粉水各少许。

制法：

◎ 将螺丝、赤肉丝用粉水拌过，分别下锅焯水，捞起盛在碗里待用。

◎ 将上汤烧沸，加入味精、盐、胡椒粉后勾芡，再将各丝倒入拌匀装碗即成。

炒鱿鱼卷

原料:

去头鱿鱼五两，笋花二两，湿香菇片五钱，葱段、红椒片、味精、鱼露、胡椒粉、麻油、粉水各少许。

制法:

◎ 将鱿鱼用温水浸发后去膜洗净，用花刀放横直花纹，切成长方块盛在碗里，抹上鱼露、粉水待用。

◎ 将鱼露、味精、麻油、胡椒粉、粉水各少许对成碗芡待用。

◎ 将鱿鱼，笋花放进油锅用温油溜过捞起，将香菇、葱段、红椒片下锅炸香，投入鱿鱼和笋花，下碗芡翻炒几下装盘即成。

特点

爽脆、味美、香郁。

炒桂花鱿

特点

香郁松脆。

原料：

湿鱿鱼四两，赤肉二两，蛋二只，湿香菇三钱，葱末二钱，生菜二十叶，薄饼皮二十张，川椒末、味精、盐各少许。

制法：

❶ 将湿鱿鱼、香菇切成细丝放在碗里，赤肉剁成茸后加入搅匀待用。

❷ 将葱末、川椒末下锅炒香后和蛋液、味精、盐一起投入鱿鱼料里拌匀待用。

❸ 将拌匀的鱿鱼料下锅里炒匀，至熟装盘即成，上菜时跟上生菜叶、薄饼皮和浙醋二碟。

油泡鱿鱼

特点

肉爽脆，味浓郁。

原料：

去头鱿鱼八两，蒜头米一两，肥肉粒二钱，湿香菇粒四钱，方鱼末二钱，真珠花菜一两，姜米、红椒末、胡椒粉、麻油、味精、鱼露、粉水各少许。

制法：

❶ 将鱿鱼用温水浸发后去膜洗净，用花刀放横直花纹，切成三角块盛在碗里，抹上鱼露、粉水待用。

❷ 将鱼露、味精、麻油、胡椒粉、粉水各少许对成碗芡待用。

❸ 将鱿鱼放进锅里用温油溜过捞起，蒜米下锅里炒至金黄色，加入肥肉粒、香菇粒、方鱼末炒匀，投入鱿鱼，下碗芡翻炒几下装盘，用炸过的珍珠花菜叶伴边即成。

清金钱鱿

特点

汤清甜、肉爽脆、味鲜香。

原料：

鱿鱼四两，赤肉三两，虾肉二两，湿香菇粒三钱，芹菜珠二钱，蛋白一只，上汤一斤，味精、盐、胡椒粉各少许。

制法：

① 将鱿鱼用温水浸发，去膜洗净，用花刀放横直花纹待用。

② 将虾肉、赤肉剁茸，加入盐、蛋白拌匀后，用力挞至起胶，加入湿香菇粒、芹菜珠、味精、胡椒粉拌匀成馅待用。

③ 将鱿鱼摊开（放花刀面朝下），酿上虾肉馅，卷成卷，入蒸笼蒸8分钟（在蒸鱿卷时用小盘压上，防止鱿鱼卷爆口），取出切块放进汤窝待用。

④ 将上汤烧沸，加入味精、盐后淋入汤窝，撒上胡椒粉即成。

白菜牡丹鱿

特点

造型美观，状如牡丹，香味浓郁。

原料：

白菜二斤，湿鱿鱼丝四两，赤肉二两，湿香菇粒三钱，芹菜珠二钱，咸草三条，上汤、味精、盐、胡椒粉、麻油、雪粉各少许。

制法：

◎ 将白菜洗净，焯水后用冷水漂凉，晾干放在碗里，猪肉、虾肉剁成粗粒待用。

◎ 将鱿鱼丝下油锅过油捞起，湿香菇粒下锅炒香，放进猪肉粒、虾肉粒、芹菜珠炒匀，加入鱿鱼丝和味精、盐、胡椒粉、麻油后勾芡成馅待用。

◎ 将白菜逐瓣摊开放入鱿鱼馅，将白菜收口后用咸草扎紧，放进温油锅溜过捞起，放入炖盅，加入上汤、盐，入笼蒸20分钟取出，将白菜去掉咸草，放在盘里用刀切三个交叉纹，用原汤加入味精、胡椒粉、麻油后勾芡淋上即成。

白菜鱿鱼卷

原料:

软叶白菜十二叶，鱿鱼丝二两，赤肉一两，虾肉一两，湿香菇粒三钱，芹菜珠二钱，上汤一斤，味精、盐、胡椒粉、雪粉各少许。

制法:

◎将白菜叶洗净，焯水后用冷水漂凉，晾干待用。

◎将猪肉、虾肉剁成茸，加入鱿鱼丝、湿香菇粒、芹菜末和味精、盐、胡椒粉、雪粉拌匀成馅待用。

◎将白菜叶摊开，撒上薄粉，放上肉馅后卷成圆柱状放进蒸笼蒸10分钟，取出切块砌在汤窝待用。

◎将上汤烧沸，加入味精、盐后淋入汤窝，撒上胡椒粉即成。

特点

汤清、形美、味鲜。

白菜鱿鱼球

特点

造型美观，状如小球，香味浓郁。

原料：

白菜叶一斤，湿鱿鱼三两，赤肉三两，蛋清一只，湿香菇三钱，上汤、味精、盐、胡椒粉、麻油、雪粉各少许。

制法：

◎ 将白菜叶洗净，修成直径二寸半的圆形，焯水后用冷水漂凉晾干，湿鱿鱼、香菇切成细丝待用。

◎ 将赤肉剁成茸，加入盐、蛋清搅匀后用力挞至起胶，加入鱿鱼丝、香菇丝、味精、胡椒粉拌匀成馅待用。

◎ 将白菜叶摊开，撒上薄粉，包上肉馅后搓成球形，拍上薄粉，放进温油锅溜过捞起，放进锅里，加入上汤、盐、胡椒粉，炆5分钟至收汤，下味精、麻油后勾芡淋上即成。

生炊海鲜

特点

色泽调和，肉质嫩滑，独具潮州风味。

原料：

鱼一条一斤五两，香菇丝三钱，肥肉丝一两，芹菜丝五钱，红椒丝一钱，姜丝一钱，姜一片，葱一条，上汤、味精、盐、胡椒粉、粉水各少许。

制法：

◎ 将鱼去鳞去腮，开腹去内脏洗净，用刀在鱼身上放交叉花纹后放在盘里（盘底要垫竹筷），放上葱、姜，撒上盐少许，放进蒸笼用旺火蒸10分钟取出，去掉姜、葱待用。

◎ 将香菇丝、肥肉丝、芹菜丝、红椒丝和姜丝下锅里炒透，加入上汤和盐、味精、胡椒粉，勾芡后加包尾油淋上即成。

炸五柳鱼

原料：

海鱼一条二斤，白糖半两，醋八钱，马蹄粒一两，雪粉二两，姜、葱、酒、姜米、红椒、酱油、葱花各少许。

制法：

◎ 将鱼去鳞、鳃，开腹去内脏，洗净后放花刀（每隔二分放一刀），用姜、葱、酒和少许酱油腌后拍上雪粉待用。

◎ 将鱼下油锅用慢火炸熟捞起，将油烧热，再将鱼放进锅里炸至酥脆捞起装盘待用。

◎ 将马蹄粒、姜米、葱花下锅略炒，加入白糖、酱油和醋，勾芡后淋在鱼身上即成。

特点

肉鲜嫩，味鲜美。

红炆海鲜

特点

肉质嫩滑，香味浓郁。

原料：

海鱼一条二斤，湿冬菇三钱，肚肉一两五钱，蒜一两，葱一两，红椒几片，雪粉二两，味精、酱油、白糖、胡椒粉各少许。

制法：

先将鱼去鳞后去鳃，开腹去内脏洗净，用刀在鱼身上放交叉花纹，抹上少许酱油和雪粉后下油锅炸至金黄色捞起待用。

将湿冬菇、肚肉切片，蒜、葱切段待用。

将湿冬菇下锅炒香，加入肚肉、蒜、葱、红椒片略炒，放入鱼后加上汤、酱油、白糖、胡椒粉炆约五分钟，下味精后勾芡装盘即成。

吉列鲳鱼

原料：

鲳鱼肉八两，蛋清二只，面包糠一两，面粉一两，姜、葱、酒、盐少许。

制法：

◎ 将鱼肉片成厚片，腌上姜、葱、酒、盐待用。

◎ 将鱼片拍上面粉，蘸上蛋清，粘上面包糠后，下油锅炸至金黄色捞起装盘即成，上席时跟上喼汁二碟。

特点

色泽金黄，香酥可口。

袈纱鱼

特点

形似袈纱，外酥内嫩。

原料：

石斑鱼肉六两，虾肉八两，肥肉一两，鸡蛋二个，火腿五钱，湿香菇一两，生菜叶五钱，鸡蛋白四个，网油四两，盐、味精、喼汁、雪粉各少许。

制法：

◎ 将石斑鱼肉切成2分厚的飞刀片，下七成热油锅炸熟捞起，用喼汁略煎后待用。

◎ 将鸡蛋煎成蛋皮，切条，火腿、湿香菇、生菜分别切条，肥肉切成细粒待用。

◎ 将虾肉剁成茸，加入少许盐和蛋清后用力挞至起胶，下肥肉粒拌匀待用。

◎ 将网油洗净摊开，撒上少许雪粉，酿上薄虾胶，放上鱼片，再酿上一层薄虾胶，面上用蛋皮条，火腿条、湿香菇条、生菜叶条摆成袈纱状，然后将网油包起，用粉水封口后入笼蒸熟待用。

◎ 上席时外皮扫上一层薄粉水，入烘烤炉烘烤5分钟取出改件装盘即成。

潮州鱼丸

特点

色泽雪白，爽而嫩滑，味道鲜美。

原料：

马鲛鱼肉八两，蛋清二只，紫菜一张，上汤一斤，芹菜珠、味精、盐、鱼露、麻油、胡椒粉、雪粉各少许。

制法：

将马鲛鱼肉用刀刮成茸，用丸槌打成酱，加入蛋清、盐和味精，用力挞至起胶，加少许雪粉水拌匀后挤成丸子，放在清水中待用。

将鱼丸和清水下锅，用旺火烧至水温约80° C时，改用中火煮至熟捞起待用。

将上汤烧沸，投入鱼丸，加入紫菜（烘烤过）、味精、鱼露、后装碗，撒上胡椒粉、芹菜珠，滴入麻油即成。

CHAPTER 7

第七章 飞禽类

■ 著名雕塑家唐大禧题字

焗雁鹅

原料：

光雁鹅一只，姜二片，葱二条，酒五钱，上汤、酱油、川椒、白糖各少许。

制法：

❶ 将雁鹅洗净，用姜、葱、酒、川椒、酱油腌两小时，鹅身抹上酱油，下油锅炸至金黄色，捞起放进锅里，加入上汤、酱油、川椒、白糖焗3小时取出待用。

❷ 将雁鹅拆肉，骨斩件垫在盘底，肉用斜刀片成薄片，摆在骨头上面，淋上原汤即成。

特点

肉质浓香。

巧烧雁鹅

特点

色泽紫红，皮脆肉嫩，甘香味浓。

原料：

光雁鹅一只约六斤，萝卜龙二条，姜、葱、酒、麻油、胡椒粉、雪粉各少许。

制法：

将雁鹅洗净，用姜、葱、酒、川椒、酱油腌两小时后放进卤锅，先用武火后用文火卤三小时，取出待用。

将雁鹅拆肉，骨斩块，拍上雪粉，分别下油锅油炸至金黄色捞起，将骨放在盘底，肉用斜刀片成薄片后放在上面，淋上胡椒油，拼上萝卜龙即成，上席时跟甜酱二碟。

干烧水鸭

特点

甘香酥脆，肥而不腻。

原料：

光水鸭一只，萝卜龙二条，姜、葱、酒、酱油、麻油、胡椒粉、雪粉各少许。

制法：

◉ 将水鸭洗净，用姜、葱、酒、川椒、酱油腌后盛在盘里，放进蒸笼蒸两小时取出待用。

◉ 将水鸭拆肉，骨斩碎，拍上薄粉，分别下油锅油炸至金黄色捞起，将骨放在盘底，肉用斜刀片成薄片放在骨头上面，淋上胡椒油，拼上萝卜龙即成，上席时跟甜酱二碟。

香焗水鸭

特点

肉肥嫩，骨香酥。

原料：

光水鸭（金翅）一只，姜二片，葱二条，豆酱一两，肥肉二两，上汤、酒、味精、麻油、雪粉各少许。

制法：

- 将水鸭洗净，用姜、葱、酒、豆酱（研烂）腌过待用。
- 将肥肉片开垫在砂锅底，放上水鸭，加入上汤少许，加盖封密后用中火焗40分钟取出，拆肉，骨斩块垫盘底，肉用斜刀片成片摆在骨头上，用原汤加味精、麻油后勾芡淋上即成。

红炖水鸭

色红褐，肉烂滑，味浓香。

原料：

光水鸭一只，肚肉一斤，姜二片，葱二条，酒、上汤、酱油、味精、麻油、雪粉各少许。

制法：

将水鸭洗净，用姜、葱、酒、川椒、酱油腌两小时，鸭身抹上酱油后下油锅炸至金黄色捞起，放进锅里，盖上肚肉，加入上汤、酱油炆两个钟头，取出盛在盘里，取去肚肉、姜、葱，用原汤加味精、麻油后勾芡淋上即成。

清炖水鸭

原料：

光水鸭一只，排骨四两，姜一片，葱一条，上汤、味精、盐、胡椒粉各少许。

制法：

将水鸭洗净，焯水后洗净放进炖盅，盖上排骨，放上姜、葱，加入盐和上汤，放进蒸笼蒸两小时（蒸至水鸭烂时为止）取出，去掉排骨、姜、葱，加入味精，撒上胡椒粉即成。

特点

汤汁清鲜，肥美可口。

注：加入柠檬叫柠檬炖水鸭。

加入淮山、枸杞叫淮杞炖水鸭。

加入冬虫草叫虫草炖水鸭。

红炆白鸽

原料：

白鸽二只，肚肉一斤，姜二片，葱二条，酒、上汤、酱油、味精、麻油、胡椒粉、雪粉各少许。

制法：

◎ 将白鸽杀血去毛，开膛取出内脏洗净，用姜、葱、酒、酱油腌30分钟待用。

◎ 将白鸽抹上酱油，下油锅炸至金黄色捞起，放进锅里，盖上肚肉，加入上汤、酱油炆20分钟，取出盛在盘里，取去肚肉、姜、葱，用原汤加味精、麻油、胡椒粉后勾芡淋上即成。

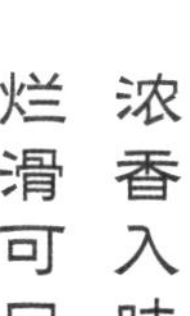

浓香入味，烂滑可口。

芙蓉白鸽

特点

味香醇，肉嫩滑，色多姿。

原料：

嫩白鸽二只，鸡腿肉五两，蛋清二只，芹菜末三钱，火腿末三钱，姜、葱、酒、味精、盐、麻油、胡椒粉、雪粉各少许。

制法：

㊀ 将白鸽杀血去毛，开膛取出内脏洗净，拆肉去骨，将腿肉，胸肉片薄后用花刀法放横直花纹，用姜、葱、酒、盐腌三十分钟，摊开在盘里待用。

㊁ 将鸡肉剁成茸，加入蛋清、盐后用力挞至起胶，酿在鸽身上，分别撒上火腿末和芹菜末，放进蒸笼蒸20分钟取出，切件砌在盘里成鸳鸯状，用原汤加味精、麻油、胡椒粉后勾芡淋上即成。

注：也称鸳鸯白鸽。

炒白鸽松

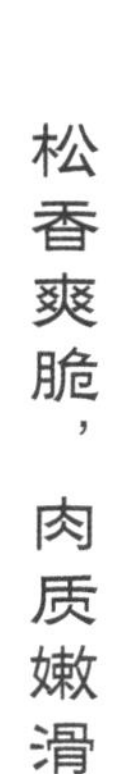

特点

松香爽脆，肉质嫩滑。

原料：

白鸽二只，赤肉二两，湿香菇五钱，马蹄肉四两，韭菜黄三钱，火腿二钱，薄饼皮十二张，生菜四两，盐、味精、麻油、胡椒粉各少许。

制法：

◎ 将白鸽杀血去毛，开膛取出内脏洗净，拆肉去骨，斩出头、尾、脚、翅，将白鸽肉和猪肉剁成肉茸待用。

◎ 将火腿、香菇、马蹄、韭黄切成细末待用。

◎ 将头、尾、脚、翅和肉茸分别下油锅炸过后捞起，肉茸下锅约炒四分钟，投入火腿、香菇、马蹄、韭黄盐、味精、麻油、胡椒粉后炒两分钟装盘，摆上头、尾、脚、翅成原形，上席时跟上生菜叶（剪成三寸圆形）、薄饼皮和浙醋二碟即成。

角玉白鸽

特点

色泽美观，肉质嫩滑。

原料：

白鸽二只，面粉二两，鸡蛋二只，湿香菇三钱，笋花几片，熟鸡蛋一只，姜、葱、酒、盐、味精、麻油、胡椒粉、雪粉各少许。

制法：

❶ 将白鸽杀血去毛，开膛取出内脏洗净，拆肉去骨，鸽肉片开，用花刀法放上横直花纹，用姜、葱、酒、盐腌10分钟，去掉姜、葱，摊在盘里，蘸上蛋液，撒上干面粉，下油炸至金黄色捞起，熟鸡蛋去壳切半，雕成蛋花待用。

❷ 将菇片，笋花，辣椒片和炸后的鸽肉一起放在锅里，加上汤炆5分钟，将鸽肉捞起放在砧板上切成一寸块状放在盘里，再将菇片，笋花，椒花片间隔摆在鸽肉上面两边，用炆鸽原汤加入味精、麻油、胡椒粉后勾芡淋上，两边各放一个蛋花即成。

清炖白鸽

特点

汤水清鲜，肉质细嫩。

原料：

光白鸽二只，排骨四两，姜一片，葱一条，上汤一斤二两，盐、味精、胡椒粉各少许。

制法：

❶ 将白鸽用刀从腰背破开洗净，排骨斩成寸半段待用。

❷ 将白鸽和排骨分别焯水洗净，将白鸽盛在炖盅里，盖上排骨，放上姜、葱、盐，加入上汤，放进蒸笼炖两小时取出，去掉姜、葱、排骨，加入味精，撒上胡椒粉即成。

干炸鹌鹑

特点

皮酥肉嫩，味道香郁。

原料:

鹌鹑二只，姜二片，葱二条，川椒、酒、麻油、酱油、胡椒粉、雪粉各少许。

制法:

将鹌鹑杀血去毛，开膛取出内脏洗净，用姜、葱、酒、川椒、酱油腌后盛在盘里，放进蒸笼约蒸一小时取出待用。

将鹌鹑拆肉，骨斩碎，撒上薄粉，分别下油锅油炸至金黄色捞起，将骨放在盘底，肉用斜刀片成薄片放在骨头上面，摆上头、尾、脚、翅成原形，淋上胡椒油即成，上菜时跟喼汁甜酱各一碟。

川椒鹌鹑

原料：

鹌鹑二只，姜二片，葱二条，川椒末二钱，酒、上汤、酱油、盐、味精、麻油、雪粉各少许。

制法：

将鹌鹑杀血去毛，开膛取出内脏洗净，用姜、葱、酒、酱油腌后盛在盘里，放进蒸笼蒸一小时取出待用。

将鹌鹑拆肉，骨斩碎，撒上薄粉，分别下油锅油炸至金黄色捞起，将骨放在盘底，肉用斜刀片成薄片放在骨头上面，摆上头、尾、脚、翅成原形，将川椒下锅里炒香，加入上汤、盐、味精、麻油勾芡后淋上即成。

特点

酥嫩，香脆。

注：加上炸杏仁末叫“春满杏林”。
加上方鱼末叫“大地回春”。

炒鹌鹑菘

特点

松香适口。

原料：

鹌鹑二只，赤肉二两，湿香菇三钱，马蹄肉三两，韭菜黄五钱，火腿二钱，薄饼皮十二张，生菜四两，盐、味精、麻油、胡椒粉各少许。

制法：

㊀ 将鹌鹑杀血去毛，开膛取出内脏洗净，拆肉去骨，斩出头、尾、脚、翅，将鹌鹑肉和猪肉剁成肉茸待用。

㊁ 将火腿、香菇、马蹄、韭黄切成细末待用。

㊂ 将头、尾、脚、翅和肉茸分别下油锅炸过后捞起，肉茸下锅炒4分钟，加入火腿、香菇、马蹄、韭黄盐、味精、麻油、胡椒粉后炒2分钟装盘，摆上头、尾、脚、翅成原形，上席时跟上生菜叶（剪成三寸圆形）、薄饼皮和浙醋二碟即成。

豆酱焗鹌鹑

原料：

鹌鹑二只，豆酱二两，白膘肉二两，味精三钱，生姜三钱，葱二钱，绍酒少许，上汤二两。

制法：

◎ 将鹌鹑杀血去毛，开膛取出内脏洗净，豆酱研成浆，加入、姜、葱、酒和味精后抹在鹌鹑身内外，腌十五分钟待用。

◎ 将白膘肉垫在砂锅底，放上鹌鹑，姜葱放在鹌鹑上，加入上汤二两，加盖密封后先用旺火焗十分钟，再用慢火焗10分钟至熟，取出待用。

◎ 将鹌鹑拆肉去骨，骨斩件垫在盘底，鹌鹑肉切块放在骨上，摆上鹌鹑头尾呈原形，再将原汤淋上即成。

特点

肉质嫩滑，豆酱味浓郁。

注：将鹌鹑上色炸后加上酱油焗叫酱油焗鹌鹑，加上蚝油焗叫蚝油焗鹌鹑。

盐水鹧鸪

特点

肉质嫩滑，咸香浓郁。

原料：

鹧鸪二只，姜、葱、酒、味精、麻油、胡椒粉各少许。

制法：

① 将鹧鸪杀血去毛，开膛取出内脏洗净，用姜、葱、酒、盐腌一小时待用。

② 将鹧鸪放进蒸笼约一小时取出，拆肉去骨，骨斩件，肉切丝，分别用味精、麻油、胡椒粉拌匀，骨垫盘底，肉放上面，摆上鹧鸪头尾成原形，上这时跟姜葱油二碟即成。

CHAPTER 8

第八章 蔬菜类

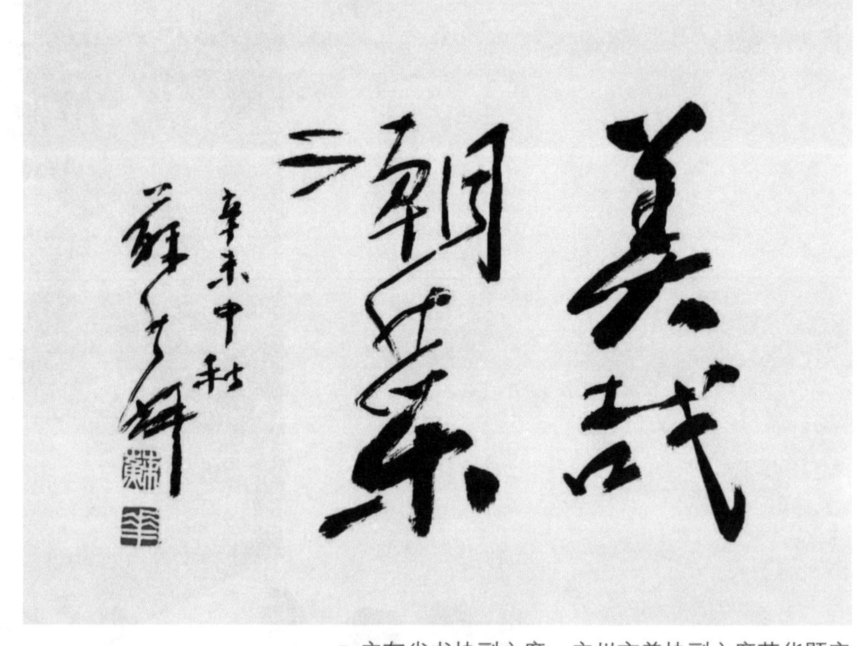

■ 广东省书协副主席、广州市美协副主席苏华题字

烟筒白菜

特点 鲜美嫩滑，造型美观，形似烟筒。

原料：

天津白菜一斤五两，赤肉三两，虾肉三两，蛋清一只，方鱼末二钱，香菇粒三钱，龙须菜一钱，笋花几片，香菇几片，咸草二条，上汤、味精、盐、胡椒粉、麻油、雪粉各少许。

制法：

① 将白菜拆瓣洗净，焯水后用冷水漂过晾干，修齐菜瓣，龙须菜洗净，沥干水分待用。

② 将猪肉、虾肉剁成茸，加入蛋清、盐、味精拌匀后用力挞至起胶，加入方鱼末、香菇粒、胡椒粉拌匀成馅料待用。

③ 将白菜瓣摊开，撒上雪粉，放上肉馅，中间放龙须菜后卷成圆柱状，用咸草扎紧，粘上薄粉，放进油锅用温油炸至金黄色捞起待用。

④ 将白菜卷、笋花、香菇下锅，加入上汤、盐、胡椒粉、麻油炆过取出，去掉咸草，改块装盘，摆上笋花、香菇，用原汤加味精后勾芡淋上即成。

绣球白菜

原料：

白菜二斤，鸡肉丁四两，肫丁二两，火腿丁三钱，香菇丁三钱，咸草三条，上汤、味精、盐、麻油、胡椒粉、雪粉各少许。

制法：

◎将白菜洗净，焯水后漂凉晾干待用。

◎将鸡丁、肫丁、香菇丁、火腿丁下锅炒熟，加入味精、盐、麻油、胡椒粉拌匀成馅料待用。

◎将咸草三条打结分成六条放在砧板上，放上白菜后逐瓣摊开，放上馅料，将白菜瓣收拢后用咸草扎紧，撒上干粉，下油锅用温油溜过捞起，放进锅里，加上汤、盐、胡椒粉炆一个钟头取出，盛在碗里去掉咸草，用原汤加味精勾芡，加麻油后淋上即成。

特点

造型美观，形似绣球，滑嫩味鲜。

蜘蛛白菜

原料：

白菜嫩叶一斤，赤肉三两，虾肉二两，马蹄粒五钱，香菇粒三钱，方鱼末二钱，上汤、味精、盐、麻油、胡椒粉、雪粉各少许。

制法：

◎ 将白菜嫩叶洗净焯水，漂凉晾干待用。

◎ 将猪肉、虾肉剁成粗粒，加入马蹄粒、香菇粒、方鱼末和味精、盐、麻油、胡椒粉、雪粉拌匀成馅料，分成十二件待用。

◎ 将菜叶摊开，撒上薄粉，放上肉馅包成雁只块，下锅用文火煎至两面赤，加入上汤、盐、胡椒粉、麻油炆10分钟取出砌在盘里，用原汤加味精勾芡，加麻油后淋上即成。

特点

造型美观，菜皮滑嫩，肉馅鲜美。

芙蓉白菜

特点

馅鲜皮滑，造型美观。

原料：

白菜叶一斤，赤肉三两，虾肉二两，马蹄粒五钱，香菇粒三钱，方鱼末二钱，鸡蛋二个，上汤、味精、盐、胡椒粉、麻油、雪粉各少许。

制法：

一 将白菜叶洗净焯水，漂凉晾干待用。

二 将猪肉、虾肉剁成粗粒后掺入马蹄粒、香菇粒、方鱼末和味精、盐、麻油、胡椒粉、雪粉各少许拌匀成馅料，分成十二粒待用。

三 将菜叶摊开，撒上薄粉，放上肉馅包成寸半长枕包形待用。

四 将白菜包逐件蘸上蛋液，下油锅炸至金黄色捞起，下锅加入上汤、盐、胡椒粉、麻油炆10分钟，取出砌在盘里，用原汤加味精，勾芡后淋上即成。

八宝素菜

特点

菜嫩滑，味浓郁。

原料：

白菜一斤五两，莲子一两，草菇三钱，笋尖一两，龙须菜一钱，腐竹一两，香菇五钱，面筋一两，肚肉五两，上汤、味精、盐、麻油、胡椒粉、雪粉各少许。

制法：

❶ 将白菜洗净切段，再将香菇、草菇、腐竹、莲子、发菜浸发后洗净待用。

❷ 将白菜、笋尖、腐竹、莲子、香菇、面筋放进油锅用温油溜过捞起，逐件放在锅里，加入上汤、盐，盖上肚肉，用文火炆30分钟取出，逐件摆在碗里（龙须菜放中间，白菜放上面），入笼蒸热后翻扣在盘里，用原汤加入味精、胡椒粉、麻油，勾芡后淋上即成，上席跟上浙醋二碟。

注：加上少许腐乳汁叫罗汉斋。

玻璃白菜

晶莹透彻，嫩滑无渣。

原料：

白菜三斤，肚肉五两，火腿末三钱，上汤、盐、味精、麻油、粉水各少许。

制法：

将白菜洗净，切成二寸段晾干，下温油锅溜过捞起，放进锅里，盖上肚肉，加入上汤、盐、麻油，用文火炆30分钟取出待用。

将菜茎放在碗底，菜叶放上面，入笼蒸热，取出扣在盘中，加入味精、胡椒粉、麻油，勾芡后淋上，撒上火腿末即成，上席跟上浙醋二碟。

注：加上香菇五钱叫厚菇白菜。

加上牛奶二两叫奶油白菜。

加上方鱼末三钱叫方鱼白菜。

加上鸡茸三两叫鸡茸白菜。

加上猪脑香菇叫三仙白菜。

加上骨髓段和香菇叫寸段白菜。

厚菇炆芥菜

原料：

芥菜心二斤，厚菇一两，肚肉一斤，上汤、味精、盐、麻油、纯碱、粉水各少许。

制法：

● 将芥菜切畔洗净，水沸后下纯碱少许，将芥菜焯水，用清水漂去碱味，晾干后剥去菜的外膜待用。

● 厚菇去蒂后浸发待用。

● 将芥菜用温油溜过捞起，厚菇下锅炒香后加入芥菜和上汤、盐，盖上肚肉用中火约炆一个钟头取出，将厚菇盛在碗底，芥菜放上边，入笼蒸热，取出扣在盘中，用原汤加入味精、胡椒粉、麻油后勾芡后淋上即成。

注：加上火腿片三钱叫火腿芥菜。

加上方鱼末三钱叫方鱼芥菜。

加上猪脑、香菇、火腿叫三仙芥菜。

特点

甘香嫩滑，入口即化，无渣。

厚菇芥菜

原料：

芥菜心一斤，厚菇一两，赤肉五两，排骨五两，姜一片，味精、盐、胡椒粉各少许。

制法：

壹 将芥菜切畔洗净，水沸后下纯碱少许，将芥菜焯水，用清水漂去碱味，晾干后剥去菜的外膜待用。

贰 厚菇去蒂后浸发待用。

叁 将芥菜用温油溜过捞起放在炖盅里，加上厚菇、上汤、盐，盖上排骨、赤肉，放入姜片，入笼用旺火炖1小时，取出去掉排骨、赤肉、姜片，加入味精，撒上胡椒粉即成。

注：加上火腿片八钱叫火腿炖芥菜。

加上方鱼片五钱叫方鱼炖芥菜。

加上猪脑、香菇、火腿叫三仙炖芥菜。

加上鸡脚叫凤爪炖芥菜。

特点

清澈香醇，甘香嫩滑。

酿珠瓜段

特点 甘香可口。

原料：

苦瓜一斤二两，赤肉四两，虾肉二两，香菇三钱，上汤、味精、盐、麻油、胡椒粉、雪粉少许。

制法：

◎将苦瓜去掉头尾、瓜瓤，切成雁只块，焯水后用冷水漂凉待用。

◎将猪肉、虾肉、香菇切成粗粒，加入味精、盐、胡椒粉、麻油、雪粉拌匀成馅料，苦瓜块撒上薄粉，酿上肉馅，拍上雪粉待用。

◎将酿好苦瓜下油锅用温油溜过捞起，放进锅里加入上汤、盐，炆30分钟取出砌在盘里，用原汤加入味精、胡椒粉、麻油，勾芡后淋上即成。

荷包珠瓜

特点

浓香软滑。

原料：

苦瓜一斤五两，赤肉四两，虾肉二两，香菇三钱，味精、盐、胡椒粉、麻油、雪粉各少许。

制法：

将苦瓜切去头尾，挖去瓜瓤洗净，焯水后用冷水漂凉晾干待用。

将猪肉、虾肉、香菇切成粗粒，加入味精、盐、胡椒粉、麻油、雪粉拌匀成馅料，酿入苦瓜，头尾粘上雪粉待用。

将苦瓜放进油锅用温油溜过捞起，放进锅里，加入上汤、盐，炆30分钟，取出切圈摆在盘里成原形，原汤加入味精、胡椒粉、麻油后勾芡淋上即成。

酿金钱苦瓜

特点

味道甘香，形似金钱。

原料：

苦瓜一斤五两，赤肉四两，虾肉二两，香菇粒二钱，香菇三钱，肚肉三两，味精、盐、胡椒粉、麻油、雪粉各少许。

制法：

将苦瓜切去头尾，挖去瓜瓤洗净，焯水后用冷水漂凉晾干待用。

将猪肉、虾肉、香菇切成粗粒，加入味精、盐、胡椒粉、麻油、雪粉拌匀成馅料，酿入苦瓜，头尾撒上薄粉。

将苦瓜放进温油锅溜过，放进锅里盖上肚肉，加入香菇、上汤、盐炆30分钟，取出切成块状摆在盘里，香菇摆在盘头，用原汤加入味精、胡椒粉、麻油勾芡后淋上即成。

炆酿王瓜

原料:

王瓜一斤五两，赤肉四两，虾肉二两，湿香菇三钱，味精、盐、胡椒粉、麻油、雪粉各少许。

制法:

① 将王瓜去皮切掉头尾，挖去瓜瓤，切成六分长的段，洗净晾干待用。

② 将猪肉、虾肉、香菇切成粗粒，加入味精、盐、胡椒粉、麻油、雪粉拌匀成馅料，酿入王瓜后粘上雪粉待用。

③ 将王瓜下油锅用温油溜过捞起，香菇下锅炒香，加入上汤、盐炆30分钟，取出装盘，用原汤加入味精、胡椒粉、麻油，勾芡后淋上即成。

特点

香滑软烂。

厚菇炆王瓜

原料：

王瓜二斤，花菇五钱，肚肉一斤，味精、盐、胡椒粉、麻油、粉水各少许。

制法：

◎ 将王瓜去皮切去头尾，去瓤后切成长一寸二分，宽六分的块待用。

◎ 将王瓜放进温油锅溜过，捞起放进锅里，加入香菇、上汤、盐，盖上肚肉炆30分钟，取出排放在盘中，盘头摆香菇，原汤加入味精、胡椒粉、麻油后勾芡淋上即成。

注：加上猪脑、香菇、火腿叫三仙炆王瓜。
加上鸡茸三两叫鸡茸炆王瓜。
加上牛奶二两叫奶油炆王瓜。
加上鲜菇五两叫鲜菇炆王瓜。
加上香菇，骨髓叫寸段炆王瓜。
加上火腿片八钱叫火腿炆王瓜。
加上蟹肉五两叫蟹肉炆王瓜。

特点

浓香软烂，美味可口。

炖火腿冬瓜

特点

汤鲜味醇。

原料：

冬瓜肉一斤，火腿一两，上汤一斤，味精、盐、胡椒粉各少许。

制法：

❶ 将冬瓜切成一寸二分宽身条，再切成二分厚片，然后将冬瓜片用刀从中间片开勿断（冬瓜片一边相连），下锅焯水后用冷水漂凉待用。

❷ 将火腿切片后夹在冬瓜中间，放进碗里，加入上汤、味精、盐后入蒸笼蒸15分钟取出，撒上胡椒粉即成。

什锦冬瓜盅

特点

汤清醇，味鲜美，形美观。

原料：

冬瓜一个三斤五两，莲子一两，鸡丁二两，肫丁一两，湿菇丁三钱，蟹肉一两，肚丁二两，上汤一斤，火腿末三钱，鸡骨适量，二汤一斤，味精、盐、胡椒粉各少许。

制法：

❶ 将冬瓜切成盅形，在瓜皮刻上花纹图案，盅口用刀切成锯齿状，去瓤洗净，焯水后用冷水漂凉放在碗里，加上二汤一斤、鸡骨、盐，放进蒸笼蒸1小时取出，去掉鸡骨和汤待用。

❷ 将莲子、鸡丁、肫丁、湿菇丁、蟹肉、肚丁下锅焯熟，放入瓜盅待用。

❸ 将上汤烧沸，加入味精、盐、胡椒粉后淋入瓜盅，盅口撒上火腿末即成。

香兰田鸡冬瓜盅

原料：

冬瓜一个三斤五两，香兰适量，田鸡片六两，青豆二两，香菇丁三钱，上汤一斤，火腿末三钱，鸡骨适量，二汤一斤，味精、盐、胡椒粉各少许。

制法：

将冬瓜切成盅形，瓜皮刻上花纹图案，盅口用刀切成锯齿状，去瓤洗净，焯水后用冷水漂凉放在碗里，加上二汤、鸡骨、盐，放进蒸笼蒸1小时取出，去掉鸡骨和汤待用。

将田鸡片、青豆、香菇丁放进锅里焯熟放入冬瓜盅内，加入香兰待用。

将上汤烧沸，加入味精、盐、胡椒粉后淋入瓜盅，盅口撒上火腿末即成。

造型美观，汤清味香。

什锦白玉汤

原料：

冬瓜肉一斤五两，莲子一两，鸡丁二两，肫丁二两，香菇丁三钱，蟹肉一两，肚丁二两，上汤一斤，鸡骨适量，二汤一斤，味精、盐、胡椒粉各少许。

制法：

将冬瓜切块洗净，焯水后用冷水漂凉，放在碗里，加入二汤、鸡骨、盐，放进蒸笼蒸两小时取出，去掉鸡骨和汤待用。

将莲子、鸡丁、肫丁、湿菇丁、蟹肉、肚丁放进锅里焯熟放入盅里（冬瓜在底）待用。

将上汤烧沸，加入味精、盐后淋入，撒上胡椒粉即成。

特点

汤清味鲜。

什锦冬瓜丸

汤清味鲜，瓜丸晶莹。

原料：

冬瓜肉一斤五两，莲子一两，鸡丁二两，肫丁二两，香菇丁三钱，蟹肉一两，肚丁二两，上汤一斤，鸡骨适量，二汤一斤，味精、盐、胡椒粉各少许。

制法：

① 将冬瓜洗净，用模具挖成丸状（二十粒），焯水后用冷水漂凉，放在碗里，加入二汤、鸡骨、盐，放进蒸笼蒸两小时取出，去掉鸡骨和汤待用。

② 将上汤烧沸，投入莲只、鸡丁、肫丁、湿菇丁、蟹肉、肚丁焯熟，加入冬瓜丸，下味精、盐后装碗，撒上胡椒粉即成。

荷包冬瓜

特点

造型美观，肉爽味鲜。

原料：

冬瓜一个二斤，莲子五钱，鸡丁一两，肫丁一两，蟹肉一两，肚丁一两，香菇丁三钱，火腿二钱，上汤六两，味精、盐、胡椒粉、麻油、粉水各少许。

制法：

将冬瓜去皮，中段挖一个直径二寸半的圆（挖出冬瓜要成块），去掉瓜瓤，洗净待用。

将莲子、鸡丁、肫丁、菇丁、蟹肉、肚丁放进锅里炒后加入味精、盐、胡椒粉，勾芡后装入瓜里，盖上瓜块密封，放进蒸笼蒸两小时取出待用。

将上汤烧沸，加入味精、盐、胡椒粉、麻油后勾芡淋上即成。

天河素菜

原料：

嫩地瓜叶一斤五两，火腿片五钱，干草菇一两，鸡油二两，上汤八两，味精、盐、麻油、粉水各少许。

制法：

一 将嫩地瓜叶洗净、撕筋，下锅焯水（加少许纯碱）后捞起，用冷水冲漂，去其碱味后挤干水分，剁成菜茸待用。

二 将草菇去蒂洗净放入汤碗，加入鸡油、上汤、味精、盐各少许，入笼蒸30分钟取出，滗出原汤待用。

三 将菜茸和草菇下锅里用鸡油炒香，加入上汤和菇汤、味精、盐、麻油，勾芡后加包尾油装碗，将火腿片摆在菜糊上面成天桥即成。

注：如叫护国菜，应将火腿末撒在菜糊上面。

加上鲜菇叫鲜菇素菜。

加上鸡茸打太极叫太极素菜羹。

特点

造型美观，色泽碧绿，香醇软滑。

酿金钱菇

特点 造型美观，爽口香浓。

原料：

金钱菇二十粒，虾胶六两，上汤、味精、盐、胡椒粉、麻油、雪粉、粉水各少许。

制法：

㊀ 将香菇浸发洗净，沥干水分待用。

㊁ 将香菇撒上薄粉，酿上虾胶后放在盘里，放进蒸笼蒸8分钟取出待用。

㊂ 将上汤烧沸，加入味精、盐、胡椒粉、麻油后勾芡淋上即成。

清酿磨菇

特点

清鲜、爽滑、香醇。

原料：

蘑菇十二粒，虾胶四两，上汤一斤，味精、盐、胡椒粉、雪粉各少许。

制法：

①将蘑菇去蒂，洗净后沥干水分待用。

②将蘑菇撒上薄粉，酿上虾胶，放入汤窝，加上汤、味精、盐后入笼蒸30分钟取出，撒上胡椒粉即成。

落地金钱菇

特点

浓香爽口，形如金钱。

原料：

香菇二十四粒，虾胶三两，肉茸三两，蛋清二只，笋花几片，上汤、味精、盐、胡椒粉、麻油、雪粉各少许。

制法：

① 将香菇浸发，洗净后沥干水分，用盐腌过待用。

② 将香菇撒上薄粉，一半酿上虾胶，一半酿上肉茸，再将虾胶肉茸合上压紧成金钱，拍上薄粉待用。

③ 将金钱菇逐件蘸上蛋清，下油锅溜过捞起，放进锅里，加入笋花、上汤、盐、胡椒粉、麻油炆3分钟，取出砌在盘里，笋花摆在上面，用原汤加味精后勾芡淋上即成。

冬笋炆菇

特点

菇味浓郁，笋尖爽脆。

原料：

花菇二两，冬笋尖五两，肚肉一斤，上汤、味精、酱油、麻油、粉水各少许。

制法：

将花菇去蒂浸发，洗净待用。

将花菇和笋尖分别过油后下锅，盖上肚肉，加入上汤、酱油、麻油炆10分钟，取出肚肉，下味精后勾芡装盘即成。

炆三冬

特点

香、滑、爽，时令名菜。

原料：

花菇二两，冬笋尖五两，冬菜半两，肚肉一斤，上汤、味精、盐、麻油、粉水各少许。

制法：

❶ 将花菇去蒂浸发，洗净待用。

❷ 将花菇和笋尖分别过油后下锅，加入上汤、盐，盖上肚肉炆10分钟，取出肚肉，加入冬菜炆至收汤，下味精、麻油后勾芡装盘即成。

清醉厚菇

特点

原料：

厚菇二两，赤肉四两，鸡油五钱，上汤一斤，川椒几粒用鸡油包密，盐、味精各少许。

制法：

- 将厚菇去蒂，浸发洗净，赤肉焯水洗净待用。
- 将厚菇砌进炖盅里，盖上赤肉，放上鸡油，川椒，加入上汤、味精、盐，放进蒸笼蒸一小时取出，去掉赤肉、川椒、鸡油即成。

清醉鲜菇

特点

爽口嫩滑，汤清味美。

原料：

净鲜草菇七两，赤肉四两，鸡油五钱，上汤一斤，味精、盐、胡椒粉各少许。

制法：

将草菇洗净，沥干水分待用。

将草菇下油锅用温油溜过捞起，盛入炖盅，盖上赤肉，放上鸡油，加入上汤、味精、盐，放进蒸笼蒸30分钟取出，取去赤肉，鸡油，撒上胡椒粉即成。

CHAPTER 9

第九章 甜菜类

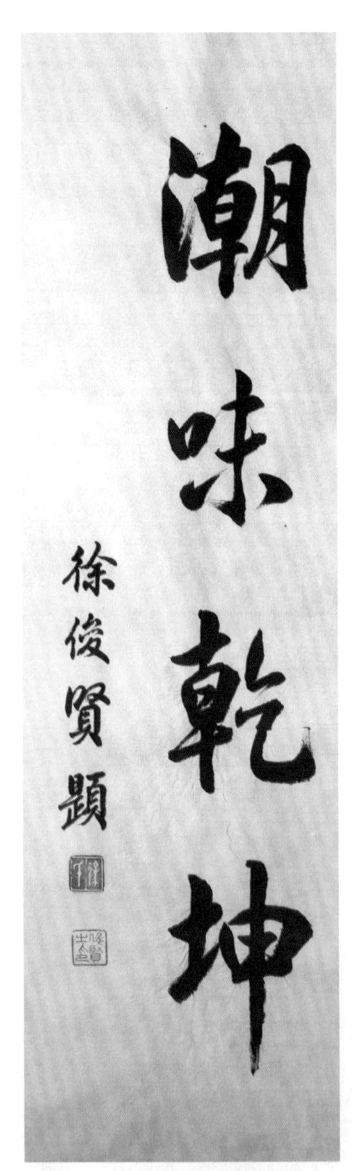

■ 非遗专家徐俊贤题字

清甜哈士蟆

清、甜。

原料：

哈油四钱，白糖六两。

制法：

将哈油盛在碗里，用开水浸发30分钟，拣去杂质，洗净盛在汤碗，入笼蒸20分钟，沥干水分待用。

将白糖和八两清水煮至溶化，撇去浮沫，从碗边轻轻注入即成。

清甜莲子

特点

入口松化、清甜。

原料：

贡莲三两，白糖六两。

制法：

❶ 将贡莲放进锅里煮10分钟捞起，去芯待用。

❷ 将白糖和八两清水煮至溶化，撇去浮沫，投入莲子，用慢火煮5分钟后装碗即成。

清甜乌莲

特点

清脆爽口，莲味香馥。

原料：

贡莲二两，水发乌石参二两，白糖六两。

制法：

◎ 将贡莲放进锅里煮十分钟捞起，去芯，海参切成薄片下锅焯水漂凉待用。

◎ 将白糖和八两清水煮至溶化，撇去浮沫，投入莲只、海参片，用慢火煮5分钟后装碗即成。

清甜鲜莲盅

原料：

鲜莲子八十粒，冬瓜半个约三斤，白糖一斤。

制法：

◎ 将冬瓜切成盅形，瓜皮刻上花纹图案，盅口用刀切成锯齿状，去瓤洗净，焯水后用冷水漂凉，放在碗里，瓜面撒上少许白糖，中间放糖水后，放进蒸笼蒸烂，取出去掉糖汤待用。

◎ 将鲜莲放进锅里煮5分钟至熟捞起，去心待用。

◎ 将白糖用八两清水煮至溶化，撇去浮沫，投入莲子用慢火煮5分钟后装入瓜盅即成。

特点

造型美观，清甜适口。

太极马蹄泥

特点

造型美观，形似太极，清甜爽口。

原料：

马蹄肉一斤，白糖六两，杨梅三两，粉水少许。

制法：

将马蹄肉用磨钵磨成茸，杨梅挤汁待用。

将白糖和六两清水煮至溶化，撇去浮沫，投入马蹄茸搅匀，加入少许粉水勾芡后装碗，锅里留少许马蹄泥，加入杨梅汁拌匀淋在马蹄泥成太极形即成。

甜冬瓜露

特点

清甜解暑。

原料：

冬瓜肉二斤，白糖六两，粉水少许。

制法：

- 将冬瓜磨成茸后下锅里焯熟，捞起沥干水分待用。
- 将白糖和六两清水煮至溶化，撇去浮沫，投入冬瓜茸搅匀，加入少许粉水勾芡后装碗即成。

水晶鲤鱼

特点

造型美观，形似金鱼，香甜可口。

原料：

净姜茨一斤五两，水晶馅六两，白糖五两，面粉二两，猪油一两，粉水少许。

制法：

将姜茨洗净，放进蒸笼蒸熟，取出趁热用刀压成茸，加入面粉二两、猪油一两、白糖二两搓匀待用。

将姜茨茸分成二十份，分别包上水晶馅，捏成鲤鱼形状盛在盘里，用热油淋在鱼身上，使鱼变成金黄色，然后入蒸笼蒸10分钟取出待用。

将三两白糖和少许清水煮至溶化，撇去浮沫，勾芡后淋在鱼身上即成。

姜茨五果

原料：

净姜茨一斤五两，豆蓉六两，白糖五两，面粉二两，雪粉一两，猪油一两，粉水少许。

制法：

● 将姜茨洗净，放进蒸笼蒸熟，取出趁热用刀压成茸，加入面粉二两、雪粉一两、猪油一两、白糖二两搓匀待用。

● 将姜茨茸分成二十份，分别包上豆蓉，捏成梨、桃、杨桃、苹果、红柿等五果形状，盛在盘里，放入蒸笼蒸10分钟取出待用。

● 将三两白糖和少许清水煮至溶化，撇去浮沫，勾芡后淋在鱼身上即成。

特点

造型美观，形如水果，香甜适口。

姜茨寿桃

特点

形如寿桃，香甜适口。

原料：

净姜茨一斤五两，豆蓉六两，白糖五两，面粉二两，雪粉一两，猪油一两，粉水少许。

制法：

❶ 将姜茨洗净，放进蒸笼蒸熟，取出趁热用刀压成茸，加入面粉二两、雪粉一两、猪油一两、白糖二两搓匀待用。

❷ 将姜茨茸分成二十份，分别包上豆蓉，捏成寿桃形盛在盘里，放入蒸笼蒸10分钟取出待用。

❸ 将三两白糖和少许清水煮至溶化，撇去浮沫，勾芡后淋在寿桃上即成。

蜜浸乌石

特点

甜蜜爽口。

原料：

水发乌石参四两，豆沙六两，白糖五两，姜一片，葱一条，酒、粉水少许。

制法：

◎ 将乌石参片成薄片，锅下水烧沸，加入姜、葱、酒后放进乌石参片焯水，捞起用冷水漂凉待用。

◎ 将白糖二两和清水煮至溶化，放进乌石参片煮10分钟捞起待用。

◎ 将乌石参片排在碗底，放上豆蓉后入蒸笼蒸10分钟，取出扣入汤窝，将三两白糖和少许清水煮至溶化，撇去浮沫，勾芡后淋上即成。

蜜浸莲藕

原料：

大节莲藕二节约一斤，糯米二两，白糖一斤，熟白芝麻少许。

制法：

◎ 将莲藕刨皮洗净，切下头尾（留用），糯米洗净后灌入莲藕孔里，将头尾盖上，插上竹签固定，下锅煮熟，捞起待用。

◎ 将竹篾垫在锅底，放上莲藕，撒上白糖，加入清水用慢火煮至糖汤变成糖油后，将莲藕取出，切成二分厚片砌在盘里，淋上糖油，撒上熟白芝麻即成。

特点

甜蜜润糯。

蜜浸珠瓜

特点

甘香甜润。

原料：

苦瓜两条一斤，豆蓉六两，白糖八两，粉水少许。

制法：

① 将苦瓜切掉头尾，挖去瓜瓤，切成八分长的段，洗净晾干，撒上白糖腌一小时待用。

② 将苦瓜用慢火煲至瓜身变透明，取出砌在碗底，放上豆蓉，入蒸笼蒸热取出，翻扣在盘中，用原汤勾芡淋上即成。

羔烧芋泥

原料：

槟榔芋头二斤，白糖八两，猪油五两，葱珠油适量。

制法：

将芋刨皮洗净，切成厚片，放进蒸笼蒸熟，取出趁热用刀压成茸待用。

锅里先放猪油一两，加入芋茸、白糖拌匀，用慢火铲至糖溶化后，边铲边下猪油，铲至芋泥不沾手，加入葱珠油后装碗即成。

特点

软滑香甜。

金瓜芋泥

原料:

芋泥六两，金瓜一个约一斤，白糖六两，网油二两。

制法:

将金瓜去皮和瓜瓤，切成三角形，用白糖腌两个小时后下锅用慢火煮至糖汤变为糖油即成。

将网油洗净放在碗底，排上金瓜，放上芋泥，收紧网油后入笼蒸热，取出扣在盘中，淋上糖油即成。

特点

造型美观，色泽金黄，香甜适口。

羔烧白果

特点 色泽金黄，香滑浓甜。

原料：

白果一斤五两，白糖一斤，橘饼一两，白膘肉一两五钱。

制法：

❶ 将白果煮后去壳片畔，下锅焯水，捞起用水漂凉，撕去外膜后下锅焯水，捞起用冷水反复漂泡，至去清白果涩汁，捞起用白糖五两腌一小时，白膘肉切粒焯熟，撒上白糖一两腌过，橘饼切成细粒待用。

❷ 将白果加少许水，用慢火煲30分钟，加入白肉粒、橘饼粒和白糖四两用慢火煲十分钟即成。

白果芋泥

原料:

芋泥六两，羔烧白果八两，白糖二两，玻璃肉丁五钱，橘饼粒三钱。

制法:

● 将芋泥加热后盛在碗里待用。

● 将白果下锅，加入白糖二两和清水少许煮开，投入肉丁，橘饼粒拌匀，淋在芋泥上面即成。

特点

两色相映，爽润均有。

羔烧栗子

特点

色泽金黄，香甜松化。

原料：

栗子二斤，白糖八两，白膘肉一两五钱，葱花二钱。

制法：

● 将栗子逐粒用刀剁破去壳，下锅里用开水煮过，撕去外膜，放进蒸笼蒸熟取出，膘肉切粒焯水，用白糖腌过待用。

● 将栗子放进锅里用温油溜过捞起，下葱花炒至金黄色，投入栗子，加入白糖和清水用慢火煮10分钟，下肥肉粒后转中火，将糖汤收浓，装碗即成。

甜栗子泥

原料：

栗子肉一斤二两，白糖八两，猪油三两，葱花二钱。

制法：

◎ 将栗子洗净，放进蒸笼蒸熟，取出趁热用刀压成茸待用。

◎ 将锅下猪油少许，投入葱花炒至金黄色，下栗子茸、白糖和清水四两用慢火铲匀，边铲边下猪油，铲至猪油全被栗子泥吸收，装碗即成。

特点

甜润浓香。

甜冬瓜榜

特点

晶莹甜润。

原料：

冬瓜一斤，豆蓉六两，白糖六两。

制法：

- 将冬瓜去皮和瓤，洗净切块，修成芭蕉扇形，用白糖腌二个小时下锅用慢火煮至糖汤变为糖油即成。
- 将冬瓜排放在碗底，加上豆蓉后入笼蒸热，取出扣在盘中，淋上糖油即成。

注：将冬瓜换成南瓜就是甜南瓜榜。

金钱南瓜

特点

香甜润滑，形如金钱。

原料：

南瓜一斤二两，豆蓉四两，白糖六两。

制法：

将南瓜去皮和瓤洗净，用寸半印模将南瓜印成二十个圆形，中间挖半寸圆孔，用白糖腌两个小时，下锅用慢火煮至糖汤变为糖油，取出待用。

将豆蓉酿在南瓜中，装盘入笼蒸热取出，淋上糖油即成。

炸甜芋丸

原料：

芋头一斤五两，豆沙四两，白糖五两，面粉二两，雪粉一两，猪油一两，粉水少许。

制法：

◎ 将芋刨皮洗净，切成厚片，放进蒸笼蒸熟，取出趁热用刀压成茸，加入面粉二两、雪粉一两、猪油一两、白糖二两搓匀待用。

◎ 将芋茸分成二十份，分别包上豆蓉，搓成长丸形，下油锅炸至金黄色，捞起装盘待用。

◎ 将三两白糖和少许清水煮至溶化，撇去浮沫，勾芡后淋在芋丸上即成。

特点

甜润香滑。

甜素谷蛋

原料：

土豆一斤五两，豆沙四两，白糖五两，面粉三两，雪粉一两，猪油一两五钱，蛋清二只，熟芝麻五钱，粉水少许。

制法：

◎ 将土豆刨皮洗净，切厚片放进蒸笼蒸熟，取出趁热用刀压成茸，加入面粉二两、雪粉一两、白糖二两、猪油一两五钱，搓匀后分成二十粒，每粒包入豆沙二钱，搓成长丸形，粘上面粉待用。

◎ 将土豆丸蘸上蛋清，放进油锅炸至金黄色捞起待用。

◎ 将白糖三两和少许清水煮成糖油，放入土豆丸拌匀，装盘后撒上熟芝麻五钱即成。

特点

清甘香甜。

反沙芋

特点

酥香、松甜。

原料：

净芋一斤五两，白糖六两，葱花三钱。

制法：

将芋切成条，放进油锅炸至金黄色，捞起待用。

将锅下油少许，投入葱花炒至金黄色，加入白糖和少许清水煮成糖胶，投入芋条，将锅端离开炉面，用铲铲至反沙，装盘即成。

金钱酥柑

原料：

柑二斤，糖冬瓜二两，鸡蛋二只，面粉二两，冰肉二两，橘饼二两，白糖二两，芝麻三钱，雪粉少许。

制法：

1. 将柑剥皮分片，撕去筋络，每片用刀片开成圆形，剔去核待用。
2. 将糖冬瓜、橘饼、冰肉切成丝，加入白糖、芝麻拌匀成馅，将三丝馅放在柑片上，盖上一片柑片后用手压紧成金钱状，粘上雪待用。
3. 将鸡蛋和面粉搅成蛋浆待用。
4. 将金钱柑逐个蘸上蛋浆，下油锅炸至金黄色，捞起装盘即成。

特点

色泽金黄，香甜适口，形似金钱。

八宝糯米饭

特点

香甜润滑。

原料：

糯米六两，豆沙二两，糖冬瓜五钱，羔烧莲子一两，柿饼五钱，冰肉五钱，羔烧白果一两，橘饼五钱，白糖九两，粉水少许。

制法：

① 将糯米淘洗干净，盛在盘里，加入少许清水，放进蒸笼蒸熟取出，加入白糖六两拌匀待用。

② 将糖冬瓜、柿饼、冰肉、橘饼切成薄片待用。

③ 将豆沙、柿饼、橘饼、糖冬瓜、冰肉、莲子、白果在碗底摆成花形，加上甜糯米饭，放进蒸笼蒸熟取出，翻扣在碗里待用。

④ 将二两白糖和少许清水煮至溶化，撇去浮沫，勾芡后淋在糯米饭上即成。

玻璃糯米饭

特点

色泽晶莹，香甜润滑。

原料：

糯米一斤，冰肉五两，白糖一斤，橘饼粒二钱，葱珠油三钱，芝麻五钱，糖冬瓜碎三钱，粉水少许。

制法：

① 将糯米淘洗干净，盛在盘里，加入少许清水，放进蒸笼蒸熟取出，加入橘饼粒、芝麻、糖冬瓜碎、葱珠油和八两白糖拌匀待用。

② 将冰肉切片摆在碗底，加上拌好糯米饭，放进蒸笼蒸热取出，翻扣在碗里待用。

③ 将二两白糖和少许清水煮至溶化，撇去浮沫，勾芡后淋在糯米饭上即成。

甜源肉

特点

肉烂甘香、甜润，马蹄清甜、爽口。

原料：

霸尾肉一块一斤八两，白糖一斤五两，马蹄一斤。

制法：

- 将霸尾肉去皮修圆去根洗净，将马蹄磨泥待用。
- 将蚶壳十个放在砂锅底，再放上一块竹篾，然后将霸尾肉放在竹篾上，撒上白糖，注入清水一斤，加盖密封，用慢火煲至肉成水晶状，取出放在盘里待用。
- 将原汤煮沸，放入马蹄泥拌匀后勾芡，淋在肉上即成。

甜绉纱肉

原料：

五花肉一斤，槟榔芋头八两，白糖一斤六两，猪油二两，老抽、粉水各少许。

制法：

将槟榔芋头刨皮洗净，切成厚片，盛在盘里，放进蒸笼蒸熟，取出趁热用刀压成茸待用。

将五花肉刮洗干净，下锅用中火煮40分钟至软烂，取出晾干水分，在猪皮上扎小孔，用老抽着色后下油锅浸炸至金黄色，捞起切成三寸长、二寸宽、四分厚的长方块，下锅煮5分钟取出，用清水反复漂浸，直至去清油腻为止。

将一片竹篾垫在砂锅底，加入白糖和清水各八两，投入猪肉后加盖，用文火炆30分钟取出，皮向下摆在碗里待用。

锅里下猪油一两，加入芋茸、白糖六两拌匀，用慢火铲至糖溶化后，边铲边下猪油，铲至芋泥不沾手取出，盖在猪肉上面，入笼蒸二十分钟，取出扣在汤窝待用。

将二两白糖和少许清水煮至溶化，撇去浮沫，勾芡后淋上即成。

特点

皮起皱纹，肉烂甘香，肥而不腻，独具一格。

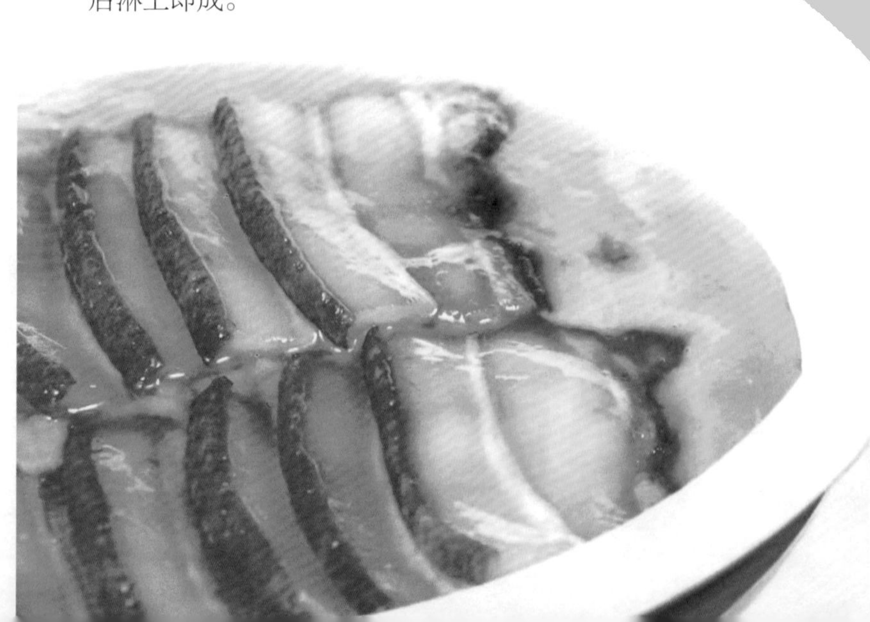

CHAPTER 10

第十章 点心类

■ 高级工艺美术师邱培祥题字

来不及

特点

外酥内嫩，清甜可口。

原料：

半生熟香蕉六个，糖冬瓜一两，冰肉一两，鸡蛋二只，面粉二两，白糖粉一两，熟芝麻三钱，泡打粉少许。

制法：

将香蕉去皮，切去头尾，压扁后切成四段，用刀在中间切一刀待用。

将糖冬瓜、冰肉切成薄片待用。

将面粉和泡打粉拌匀，加入鸡蛋液和少许清水，搅匀成脆皮浆待用。

将每段香蕉中间夹入糖瓜片、冰肉片各一片，蘸上脆皮浆，下锅炸至金黄色，捞起装盘，撒上白糖粉和熟芝麻即成。

蟹盒

特点

色泽金黄，造型美观，皮脆馅香。

原料：

面粉八两，猪油二两五钱，蟹肉、猪肉各二两，湿香菇粒一两，马蹄粒一两五钱，味精、盐、胡椒粉、麻油、雪粉各少许。

制法：

① 将蟹肉切碎，猪肉切粗粒后加入少许粉水拌匀，将湿香菇粒下锅炒香，加入蟹肉、猪肉、马蹄粒炒熟后下味精、盐、胡椒粉、麻油拌匀，勾芡成馅料待用。

② 取面粉三两和猪油一两五钱搓匀成酥心，又将面粉五两，猪油一两和清水二两五钱调和成水油酥皮待用。

③ 将酥心和水油酥皮各分成二十四件，用水油酥皮包上酥心，起圆酥后用刀一切为二，用酥槌擀成小圆皮子，取一张小圆皮子放上肉馅，然后将另一张小圆皮子合上，并将圆边捏紧，锁成绞丝形花边，即为蟹盒生坯。

④ 油锅烧至六成热，放入蟹盒生坯，用文火炸至蟹盒上浮，再用武火炸至蟹盒呈浅黄色，皮子层次分明捞起即成。

韭菜盒

原料：

面粉八两，猪油二两五钱，猪肉二两，湿香菇半两，虾米三钱，韭菜五两，味精、盐、胡椒粉、麻油、雪粉各少许。

制法：

将猪肉、香菇、韭菜、虾米分别切成细粒，将湿香菇粒、虾米下锅炒香，加入猪肉、韭菜炒熟后下味精、盐、胡椒粉、麻油拌匀，勾芡成馅料待用。

取面粉三两和猪油一两五钱搓匀成酥心，又将面粉五两，猪油一两和清水二两五钱调和成水油酥皮待用。

将酥心和水油酥皮各分成二十四件，用水油酥皮包上酥心，起圆酥后用刀一切为二，用酥槌擀成小圆皮子，取一张小圆皮子放上韭菜馅，然后将另一张小圆皮子合上，并将圆边捏紧，锁成绞丝形花边，即为韭菜盒生坯。

油锅烧至六成热，放入韭菜盒生坯，用文火炸至韭菜盒上浮，再用武火炸至韭菜盒呈浅黄色，皮子层次分明捞起即成。

特点

造型美观，色泽金黄，皮脆馅香。

鲜虾酥饺

特点
造型美观，色泽金黄，皮脆肉嫩。

原料：

面粉六两，猪油二两，鲜虾二十四条，虾肉一两，瘦肉二两，肥肉一两，叉烧肉半两，湿香菇一两，姜、葱、酒、味精、盐、胡椒粉、麻油、雪粉各少许。

制法：

- 将鲜虾去头、壳，留尾，洗净晾干水分，将虾腹片开，用姜、葱、酒、盐腌过，将虾肉、瘦肉、肥肉、叉烧肉、湿香菇分别切成细粒，将湿香菇粒下锅炒香，加入虾肉、瘦肉、肥肉、叉烧肉炒熟后下味精、盐、胡椒粉、麻油拌匀，勾芡成馅料，分成二十四份待用。
- 取面粉二两和猪油一两搓匀成酥心，又将面粉四两，猪油一两和清水二两调和成水油酥皮待用。
- 将酥心和水油酥皮各分成十二件，用水油酥皮包上酥心，起圆酥后用刀一切为二，用酥槌擀成酥饺皮，将一张酥饺皮放上鲜虾一条和馅料一份，对折露出虾尾，将边捏紧，锁成绞丝形花边，即为鲜虾酥饺生坯。
- 油锅烧至六成热，放入鲜虾酥饺生坯，用文火炸至鲜虾酥饺上浮，再用武火炸至鲜虾酥饺呈浅黄色，皮子层次分明捞起即成。

蟹肉饺

特点

皮嫩馅鲜美。

原料：

面粉四两，蟹肉一两，猪肉一两，湿香菇一两，马蹄肉五钱，葱白二钱，味精、盐、胡椒粉、麻油各少许。

制法：

① 将猪肉、香菇、马蹄、葱白均切成细粒，加入蟹肉和味精、盐、胡椒粉、麻油拌匀成馅待用。

② 将面粉四两盛在碗里，冲入沸水二两，快速拌和揉透，摊开冷却，随后搓条分二十粒，擀成圆皮子，放上蟹肉馅，包成饺形，放进蒸笼蒸10分钟即成。

甜水晶包

原料：

雪粉四两，豆沙五两，冰肉一两，白砂糖一钱。

制法：

将雪粉过筛，冲入沸水二两，快速拌和揉透，摊开冷却，随后搓条分二十四粒，擀成圆皮子，包上豆沙冰肉成圆形小包，放进蒸笼蒸五分钟即成。

特点

造型雅致，晶莹剔透，香甜适口。

炆碧鹤

特点

皮焦香、馅鲜美。

原料：

鲜虾一两，赤肉一两，湿香菇一两五钱，笋肉六钱，面粉四两，韭菜、上汤、味精、盐、麻油、胡椒粉、猪油、粉水各少许。

制法：

将鲜虾肉、猪肉、香菇、笋肉分别切成细粒，放进锅里炒熟，加入味精、盐、麻油、胡椒粉拌匀后勾芡成馅，韭菜切粒待用。

将面粉四两盛在碗里，冲入沸水二两，快速拌和揉透，摊开冷却，随后搓条分二十粒，用酥槌擀成圆皮子，放上熟肉馅，包成馄饨形，下锅煎熟，加入上汤，韭菜粒少许，炆透即成。

注：如果用蛋面制皮，可以油炸后再炆。

肖米

原料：

面粉三两，蛋二只，猪肉三两、鲜虾仁二两、肥肉五钱、笋肉二两，湿香菇五钱，味精、盐、麻油、胡椒粉、雪粉各少许。

制法：

① 先将面粉加入蛋液和清水少许拌匀搓透，搓成条，切成二十四小剂，用烧卖槌擀成菊花形待用。

② 将猪肉、虾剁成茸，肥肉、香菇、笋肉切成幼粒，加入味精、盐、麻油、胡椒粉、雪粉拌匀成馅待用。

③ 取肖米皮一张，放上肉馅，包成石榴形，放进蒸笼蒸10分钟取出，淋上热油，上席时跟上浙醋二碟即成。

特点

造型美观，形如石榴，味美爽口。

珍珠球

特点

造型美观，晶莹剔透。

原料：

糯米二两，猪肉二两，虾肉二两，火腿末三钱，味精、盐、胡椒粉、麻油、雪粉各少许。

制法：

将糯米洗净，用冷水浸泡三小时待用。

将猪肉、虾肉剁成茸，加入味精、盐、胡椒粉、麻油拌匀成馅，分成二十粒待用。

糯米捞干，将每粒馅均匀地粘上糯米，盛在盘里撒上火腿末放进蒸笼蒸15分钟取出，淋上热油即成。

春饼

原料：

薄饼皮十二张，猪肉一两，熟绿豆畔四两，湿香菇片二钱，虾米二钱，蒜二两，味精、盐、胡椒粉、川椒末、白糖、面浆各少许。

制法：

将猪肉切成条，用盐、川椒末、白糖腌过待用。

将蒜去外皮洗净切碎，加入熟绿豆、湿菇片、虾米、味精、盐、胡椒粉拌匀成馅待用。

取薄饼皮一张，放上豆馅和猪肉一条，包成枕形，用面浆封口，下六成热油锅炸至金黄色捞起即成。

特点

色泽金黄，皮酥脆，馅咸香。

后记

我出生于潮州，双亲均为人民教师。因双亲忙于教书育人，我寄居于义母家——饮食世家。自幼耳濡目染，什么捶肉丸、做鱼饺、鱼册等我都很感兴趣，为什么一条马鲛鱼经过宰、刮、剁、捶、拌、挤，煮熟后就能成为富有弹性且鲜美爽口的小球？我都要探个究竟。

后来回家读书，在一个大年三十晚上，一时心血来潮，凭着儿时的记忆，制作了“干炸肝花”和“芝麻浮皮”两道菜，竟也像模像样，得到了老爸的赞赏。这，大大地引起我对美食的关注，在1980年高考时，我选择了汕头地区商业技工学校厨师班，从此，与烹饪结下了不解之缘。

潮州菜，作为潮州传统文化的重要组成部分，历经千余年的形成和发展，以其独特的风味自成一体，是中华美食大花园中一朵瑰丽的奇葩，在中国菜系中占有举足轻重的地位，享有“潮州佳肴甲天下”的美誉。

1991年，我在广州市潮州菜馆任经理时，有幸认识了原广东省委书记、省政协主席吴南生和广东省美协主席、广东画院院长林墉，当他们得知我有意编写“潮州传统菜谱”一书时，欣然提笔为我题了辞，这给我提供了很大的动力和鼓舞。

2009年，潮州菜烹饪技艺被确立为广东省非物质文化遗产代表性保护项目，作为潮州市非物质文化遗产保护专家委员会成员的我，觉得自己有义务将自己几十年从事潮州菜烹饪的实践工作、教学经验和研究心得编著成书。

在编写过程中，得到了许多同行前辈和朋友的无私支持和鼓励，同时，承蒙羊城晚报副总编辑程小琪兄为本书作序，省非遗专家、省书协理事徐俊贤兄为本书题赠书名，老同学吴炜专门抽出时间为本书进行校对，好兄弟茶艺馆和福苑酒家为菜品的制作和拍摄提供了场地，谢海平、林钊炜、刘春炎、颜杰辉、陈奕镇、陈绍武、吴森恩、郑著阳、方树光、刘宗桂、苏和伟、傅旭良、庄喜民、方泽生、张建桢、黄立荣、吴前强、林泽等师傅为本书提供了许多照片。在此我对他们表示衷心感谢。

最后，感谢所有帮助我完成这本书的人们。谢谢！

由于本人能力有限，在编写本书中出的缺点与不足，敬请见谅，并予以批评指正。

潮州菜，中国菜的明珠！

潮州佳肴甲天下！

这本书，献给天下所有喜爱美食、喜爱潮州菜、喜爱烹饪的人们。

作　者

2022年8月